中国地质大学研究生培养模式与教学改革基金项目资助

# 计算机体系结构新讲

JISUANJI TIXI JIEGOU XINJIANG

罗忠文　杨林权　陈　亮　龚君芳　编　著

图书在版编目(CIP)数据

计算机体系结构新讲/罗忠文等编著.—武汉:中国地质大学出版社,2015.12(2019.7重印)
ISBN 978-7-5625-3418-1

Ⅰ.计…
Ⅱ.①罗…
Ⅲ.①计算机体系结构-研究
Ⅳ.①TP303

中国版本图书馆CIP数据核字(2015)第257669号

**计算机体系结构新讲** 罗忠文 杨林权 陈 亮 龚君芳 编 著

责任编辑:阎 娟 责任校对:张咏梅

出版发行:中国地质大学出版社(武汉市洪山区鲁磨路388号) 邮政编码:430074
电 话:(027)67883511 传 真:67883580 E-mail:cbb@cug.edu.cn
经 销:全国新华书店 http://www.cugp.cug.edu.cn

开本:787毫米×1092毫米 1/16 字数:227千字 印张:8.875
版次:2015年12月第1版 印次:2019年7月第2次印刷
印刷:荆州市鸿盛印务有限公司

ISBN 978-7-5625-3418-1 定价:35.00元

# 前　言

计算机结构与组成是计算机及信息相关专业的一门重要基础课，主要是讨论底层软、硬件系统的设计，对于深入学习软、硬件系统有着重要意义。对于计算机及相关专业的学生，在学习了基本的高级语言之后，渴望进一步深入了解高级语言为什么能够实现人们所期望的功能，以及计算机硬件到底是如何工作的原理。但通常的计算机专业把这些隐藏在了多门课程中，除了极少数同学能够通过多年的学习和总结厘清其中的关系外，很多同学即使本科毕业了也未能完全理解计算机的工作原理。本书试图用比较精简的篇幅来概括性地介绍计算机从高级语言编写的程序到最终硬件执行的整个过程，以便计算机及信息相关专业的学生对计算机软、硬件结构及构成有一个总体了解。因此，该书一方面可以作为掌握了基本计算机高级语言的学生了解计算机深层次工作原理的书籍，同时对于经过多年计算机相关知识的学习，希望从总体上认识计算机结构的研究生及其他读者也有参考价值。

本书以设计和实现 RISC 结构的 MIPS 处理器作为主线，重点介绍计算机的总体轮廓和处理器设计中的一些主要原则及重要的思想方法，而不拘泥于细节。这样处理的优点是使读者能很快对计算机动作结构有一个总体认识，从而对计算机不再陌生，同时通过理解和掌握计算机设计中的一些核心思想方法，对未来的工作有所启迪。而对于那些追求细节的读者，可以参考业内其他重要的著作。

本书内容大致上分为以下几个方面。其一是计算机的系统软件，拟从计算机高级语言出发，介绍更低级的汇编语言，最后到机器语言。在整个介绍过程中，将重点关注语言间的转换。通过这个过程，让同学理解编译器及解释器的工作原理。其二是对处理器设计的具体过程进行分析。其三是介绍外设的访问方法及一些重要的思想，如轮循、中断、RAID 等。其四是通过计算机体系结构来提高计算的性能，包括利用流水线结构提高处理器的性能，通过高速缓存来提高内存的访问速度，通过虚拟内存技术来扩大内存空间，并且更重要的是提供了多个程序访问内存的一种良好机制。同时讨论了面向大数据时代的仓库式数据中心等。

当然，作为一本引论性质的教科书必须有所取舍，这些取舍一定程度上体现了笔者的偏好和笔者看问题的角度。因此，就选材及其他方面难免存在缺点和错误，欢迎读者对本书提出批评建议。

罗忠文

2015 年 8 月

# 目　录

# 第一章　汇编语言与汇编指令

## 第一节　概　述

在日常生活中我们要使用各种语言来进行交流。在和计算机交流时，同样需要使用计算机自己的语言，这种语言计算机能懂，且能控制计算机执行的语言称为机器语言。正如人类使用多种语言且差异很大一样，不同的计算机系统，其机器语言也不一样。但相对来说，不同的机器语言之间的差异并没有人类语言差异那么大。因此，学会一种机器语言后，理解其他机器语言也比较容易。

对学习和使用者来说，总希望语言简单而高效。但针对不同的主体，简单具有不同的含义，即以计算机作为主体来看待程序的简单性和以人作为主体来看待程序的简单性完全不同。对人类而言，由于多年的发展和学习，有了高度的抽象能力，因此，抽象的语言对其而言是简单的。而对计算机，或者说是实现处理器来说，其简单则主要表现在语言元素少，如就单词而言仅仅只有 0 和 1，而操作也只有开和关。事实上，计算机就其根本上来讲正是由电路的开、关（或者开关电路）所组成的。

人类用于表示计算的高级语言和计算机本身表示计算的开关电路有很大的区别，将两者联系起来理解整个计算机的工作原理并非易事。而本书的目的之一，就是通过自上而下和自下而上两种方式来展现其间的细节，从而将其有效地联系起来。

在本章中，将采取自顶向下的方法，以 MIPS 计算机及其汇编语言为例，具体介绍如何将计算机高级语言编写的程序转换成低级汇编语言的程序。

## 第二节　汇编指令

MIPS 汇编语言是一种比较接近计算机底层的低级语言。在高级语言中，有各种语句和运算，汇编语言同样是通过指令语句来实现的。如对应于 C 语言的下列语句：

a＝b＋c

对应有下面的汇编语言语句：

add a，b，c

对应于普通语言的语法和单词，汇编语言有规定的格式，称为指令格式。一般来说，每条汇编指令与计算机能执行的一种基本操作相对应。在以上汇编指令语句中，add 称为汇编指令运算符，也称作操作符，而后面的 a，b，c 称为操作数。

为了简化处理器的设计，MIPS 处理器采用了固定结构的汇编指令，每个指令由 4 个部分组成，包含 1 个操作符和 3 个操作数。MIPS 汇编指令的格式如下：

指令代码 操作数 1，操作数 2，操作数 3

在高级语言中，使用变量前，首先要声明并给定一个类型。每个变量只能表示其所声明的类型的值，不能混用，如比较整型和字符型变量。但是在汇编语言中，寄存器没有数据类型，运算（符）确定将寄存器内容当成什么数据类型来处理。

当前使用的计算机都是有精度的。目前主流的台式机是32位的，而一些低端的计算机则多是8位的。无论怎样，在进行算术运算时，都可能超出计算机字长所能表示的范围，从而产生溢出。例如对于在4位处理器上进行下列无符号数加法运算：

```
  +15      1111
   +3      0011
-----    -----
  +18     10010
```

二进制数1111和0011相加的正确结果应是10010，但是因为4位计算机没有地方保存结果的第5位数，所以计算结果是0010，即十进制的+2，从而产生溢出错误。对于这种溢出错误，高级语言通常有两种处理方法：一种是忽略，即当什么事都没有发生一样，C语言采用的是这种方式；另一种是检测出这种错误，并以某种方式（如异常）通知程序，ADA语言采用此种方式。

为此，MIPS提供了两种算术指令，检测溢出的指令和不检测溢出的指令，以适应不同高级语言的需求。具体指令如下：检测溢出的加（add）、减（sub）法指令，不检测溢出的加（addu）、减（subu）法指令。因此对于加法运算，MIPS C编译器将产生addu，而对MIPS ADA编译器则产生add。

## 第三节　汇编指令中的操作数：寄存器

MIPS处理器的汇编语言中，算术运算指令的操作数只能是寄存器。这样做的目的是使硬件设计更简单。而规定指令由4部分组成，即规则性，也在确保软件指令语法具有统一规则，同样也使得硬件设计较简单。

在MIPS计算机中设计了32个32位的通用寄存器来作为汇编指令的操作数，分别编号为0，1，2，…，31。在汇编语言程序中可以通过$0，$1，$2，…，$31来指定这些寄存器。而为了汇编语言程序设计人员的方便，每个寄存器还分别定义了一个名字，因此也可以通过寄存器名来指定要访问的寄存器。

前面介绍的汇编语言加法指令，正确的写法可以是：

add $8，$9，$10　　（用寄存器号指定要访问的寄存器）

或者

add $s0，$s1，$s2　　（用寄存器名指定要访问的寄存器）

为了方便汇编语言程序设计，通常将32个寄存器分成若干类，其中第一类是$s寄存器，如$s0，$s1，…，$s7。通常对应于C语言的变量，如要翻译C语言程序：

c=a－b

可将C语言的变量和汇编语言的$s?寄存器作如下对应：

| C语言变量名 | a | b | c |
|---|---|---|---|
| 汇编语言寄存器名 | $s0 | $s1 | $s2 |

则上面的C程序可翻译成汇编程序：

sub　$ s2，$ s0，$ s1

其中 sub 是减法指令。上面介绍的 C 语言语句，正好是对 2 个数进行运算，得到 1 个结果，一共涉及 3 个操作数。但对于其他 C 语言指令语句，其操作数不一定正好是 3 个，可能更多，也可能更少，如对如下的 C 语言指令语句：

v＝（a＋b）－（c＋d）

可以使用多条汇编语句，把中间结果存储在临时寄存器 $ t? 中来实现翻译，一种可能的结果如下：

```
add   $ t0, $ s1, $ s2      # t0=a+b
add   $ t1, $ s3, $ s4      # t1=c+d
sub   $ s0, $ t0, $ t1      # v=(a+b)-(c+d)
```

对于其他更多操作的指令可以类似地实现。但对于具有更少操作数的指令，如赋值语句：f＝g，该如何处理呢？MIPS 处理器作了一个聪明的处理，定义了一个稍微特殊一点的寄存器 $ 0（零号寄存器，名字表示为 $ zero)。该寄存器的值永远都是 0，利用该寄存器即可实现赋值运算如下：

add　$ s0，$ s1，$ zero

指令执行完后，寄存器 $ s0 中的值与 $ s1 中的值相同。

另外，由于计算机运算速度很快，对于一些要求计算机速度慢下来的应用需求，经常需要进行延时，因此要求在处理器中有一条不作任何处理，仅延时一个时钟周期的指令 noop，该指令没有任何操作数。利用 $ 0，我们可以实现该指令：

add　$ 0，$ 0，$ 0

# 第四节　汇编指令中的操作数：立即数

在 C 语言中，除了对变量相加之外，还经常需要加 1 个常数，如 a＝a＋1。当然，该指令可以通过把常数放到寄存器中，然后利用前面的 add 指令来实现，但这样做的结果是需要用两条指令才能完成一个运算。由于指令运算在 C 语言中出现非常频繁，因此，MIPS 设计了专门的指令来实现它，从而能加快计算的速度。这里，把数值常数称为立即数（Immediate)，意即该数在代码中可以立即获得，而不必先放到寄存器中，再从寄存器中取出。

对应于 C 语言中的 f＝g＋10 的汇编指令如下：

addi　$ s0，$ s1，10

这里操作符是 addi，是一种新的运算，表示将数值常数 10 与存储在寄存器 $ s1 中的数相加，其语法和 add 指令的区别在于最后一个操作数是数，而不是寄存器。

一种自然的推广是接着定义立即数减法指令。但事实上，在 MIPS 中没有立即数减法指令。原因在于可以通过加负常数来实现减正常数。如指令 subi $ s0，$ s1，10 可以通过 addi $ s0，$ s1，－10 来实现。

这是一个 MIPS 设计的重要准则，让最少量的指令来实现功能。如果指令可以分解（或者减化）为更简化的形式，就略去该指令。

思考：既然不需要 subi 指令，是否也不需要 sub 指令呢？

## 第五节　汇编指令中的操作数：内存

第三节介绍了如何把C变量映射到寄存器，同时MIPS处理器仅有32个寄存器，如何处理超过32个元素的数组等数据结构呢？可以将其存储到空间足够大的内存（memory）中，但MIPS算术指令不能直接操作内存，仅能直接操作寄存器，因此要操作内存中数据，必须先将其从内存中装入到寄存器内，然后再对寄存器中的数据进行运算。因此需要指令实现内存和寄存器间的数据交换。

内存与寄存器数据交换指令有两种：一种是从内存中装入（load）数据到寄存器；另一种是将寄存器中的数据存储（store）到内存中。由图1-1可知，寄存器位于处理器的数据通道（datapath）中。如果操作数在内存中，必须将其传送到处理器中来处理，处理完后再传送回内存中。如果数据存放在寄存器中，MIPS的一条算术指令就可以完成：读两个数，进行运算，并写结果；而MIPS的一条数据传送指令就仅仅只能读或写一个操作数，不能同时进行其他任何运算。

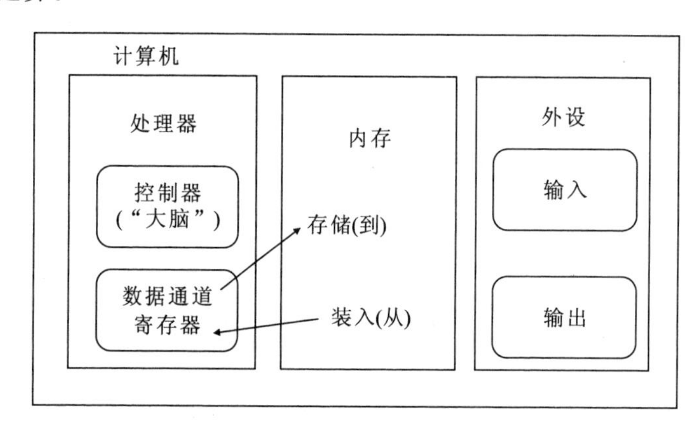


图1-1　计算机组成部分示意图

### 一、数据交换：内存到寄存器

将数据从内存复制到寄存器中，需要指定将内存中具体某个位置的数据复制到指定的寄存器中。因此必须指定寄存器和内存的位置或地址。指定寄存器可以通过其编号（＄0～＄31）或者名字（＄s0，…，＄t0，…）来完成。指定内存则更复杂一些。

首先，可以把内存看成一个一维数组，这样就能简单地通过一个指向内存的指针来访问，可以通过一个寄存器来存储该指针。另外，通常访问某数据时，还会访问该数据附近的数据，当然这可以通过不断改变地址寄存器来实现。但这样完成一个读写内存需要两条指令：一条指令是改变地址寄存器，另一条指令实现从内存读入数据。一种更好的方案是，提供一个偏移量（offset）来实现访问附近的数据，从而只用改变偏移量常数即可访问附近的数据，这样一条指令即可实现数据访问。此时，内存地址为寄存器（包含指向内存的指针）和数值偏移量（以字节为单位）之和。

例如：8（＄t0），当＄t0的值为1000时，表示的内存地址为1000＋8＝1008

从内存装入数据的指令语法格式如下：

1　2，3（4）

其中：1表示指令名字；2表示接收内存传入值的寄存器名；3表示数值偏移量（单位：字节）；4是寄存器名，该寄存器中存储的是内存地址，其中括号表示地址。MIPS中装入字数据的指令为：lw（即load word，每次装入32位即一个字）。

例如：lw $t0，12（$s0)

该指令所执行的操作是：取出寄存器$s0中的指针与立即数12相加，将结果作为内存地址，从内存中取值，把取得的值放入到$t0中。一般称$s0为基寄存器，常数12称为偏移量。

值得指出的是此处偏移量必须是常数（即在编译时已知）。因此，可以通过将基寄存器指向结构体的起始位置，改变偏移量来访问结构体数据中的各个元素。但对于动态循环访问数组的各个元素，则需要改变基寄存器的值来实现。

## 二、数据传送：寄存器到内存

如果希望把寄存器的值存储（store）到内存中去，则其语法和load类似。在MIPS中存储数据的指令为：sw（即store word，每次存储32位即一个字）。

例如：sw $t0，12（$s0)

该指令所执行的是：取出$s0中的指针，加上12字节，得到内存地址的值，然后把寄存器$t0中的值存储到该内存地址中。在这里强调一个重要概念，就是寄存器可以保存任意32位数值。该值可以是有符号整数（signed int），无符号整数（unsigned int），指针pointer（内存地址）等。但注意不要混用，对于指令add $t2，$t1，$t0而言，$t0和$t1中存放的是数值；而对于指令lw $t2，0（$t0）而言，$t0中存放的是指针。

## 三、寻址（编址）模式

内存中的每个字都有地址，形式上和数组中的下标类似。一种内存的编址方法和C语言的数组下标一样：

Memory [0]，Memory [1]，Memory [2]，…

其中Memory [i] 表示内存中的第i个字。而另一种方法，是以字节作为单位来编址，即Memory [i] 表示内存中的第i个字节。由于4个字节表示一个字，因此，在字节编址的计算机中，表示各个字的地址是：

Memory [0]，Memory [4]，Memory [8]，…

在现代计算机中，既要访问字节，也要访问字，主要是采用第二种方式即字节编址，其相邻两个32位（4字节）字的地址相差4个字节。

例：确定C语言中整型变量A [5] 的偏移量。

需要把变量A [5] 的地址转换为字节编址，相当于把5个字转化成为20（5*4=20）字节。具体实例如下：

g=h+A [5]

其中，g表示$s1，h表示$s2，$s3表示A的基地址。

手工编译以上语句的结果为（编译结果首先将数据从内存传到寄存器中）：

```
lw   $t0, 20 ($s3)      # 装入数据到寄存器$t0，从内存地址20+ ($s3) 中装入
add  $s1, $s2, $t0      # $t0中的值与h相加，结果存在g中
```

需要注意的是，计算机操作的单位是“字”，而机器的编址是字节序列，所以相邻字之间的地址相差4个字节，而不是1个字节，这经常造成汇编程序员犯错，取下一个地址时简单加1。另外，谨记对于lw和sw，基址和偏移量之和必须是4的倍数，即需要字对齐，如果字没有对齐，则读数据操作将需要两次才能完成，因为硬件本身是字对齐逐字读取的。

### 四、字节数据的传送

除了传送字数据的指令lw，sw外，MIPS还有字节传送指令：lb（load byte）和sb（store byte）。其格式与lw，sw是相同的。

例如：lb　$s0，3（$s1）

该指令表示为把位于（$s1）+3内存地址的内容复制到寄存器s0中，但寄存器有32位，传送的数据只有8位，这8位数据是放在寄存器的低字节中的。同样，对于指令sb，也是把寄存器中的低8位数据传送到指定的内存地址中，只是传送方向变了。如：

sb　$s0，3（$s1）

对于装入指令，面临的另一个问题是对于32位寄存器的高24位该如何处理。MIPS的lb是采用符号扩展方式填充高24位的，这样可以保证通常的有符号整数装入后的32位数与之前的8位数是同一个数。但是在把字符编码看成数时，通常无符号数，因此不应该做符号扩展，对于这种需求，MIPS提供了另一条指令：lbu（load byte unsigned），用来装入字节，并对高位数据进行零扩展。即装入8位数据到寄存器的低字节中，其余24位补0。

## 第六节　MIPS程序控制指令

### 一、基本MIPS分支指令

到目前为止，所学的指令只能操作数据，这样构建出来的只是某种形式的计算器，如果要建立计算机，就需要能进行判断（决策）。在C语言中提供了丰富的判断语句，但在汇编语言中，我们希望使用尽量少的判断语句，来实现C语言中丰富的判断功能。首先，考查C语言中最基本的条件语句，在C语言中有两种形式的if语句：

```
if (condition) clause; (1)
if (condition) clause1 else clause2; (2)
```

我们可以使用“goto”语句，将第二种形式的if语句转换为第一种形式：

```
if (condition) goto L1;
    clause2;
    goto L2;
L1: clause1;
L2:
```

这里“goto”语句实现跳转到语句标号（labels）处。对应于第一种形式的if语句，有下面的MIPS的分支（决策）指令：

beq　register1，register2，L1

其含义是：如果 register1 与 register2 相等，则跳转到标号 L1 处的语句，否则不执行。该语句对应的 C 语句是 if (register1＝＝register2) goto L1。

此外，还有一条与上面指令对应的进行不相等跳转的 MIPS 分支指令：

bne　register1，register2，L1

它和 C 语言的 if (register1！＝register2) goto L1 具有相同的含义，即如果 register1 与 register2 不相等，则跳转到 L1 标号处。

上面介绍的两条指令称为条件分支指令，除了条件分支外，MIPS 还有无条件分支：

j　label

该指令又称为跳转指令，即：不必满足任何条件而直接跳转（或分支）到指定的标号处。它和 C 语言的 goto label 意义相同。该语句形式上可以用条件跳转语句来实现：

beq　$0，$0，label |　　（由于$0 恒为零，因此条件总是满足）

下面来看一个将 C 语言条件语句转换为汇编语言的真实实例，程序流程图如图 1－2 所示。

if (i＝＝j) f＝g＋h;

else　f＝g－h;

定义如下变量映射关系：

f：$s0　g：$s1　h：$s2　i：$s3　j：$s4

编译成的最终 MIPS 代码为：

```
      beq $s3, $s4, True      # branch i==j
      sub $s0, $s1, $s2       # f=g-h (false)
      j   Fin                 # goto Fin
True: add $s0, $s1, $s2       # f=g+h (true)
Fin:
```

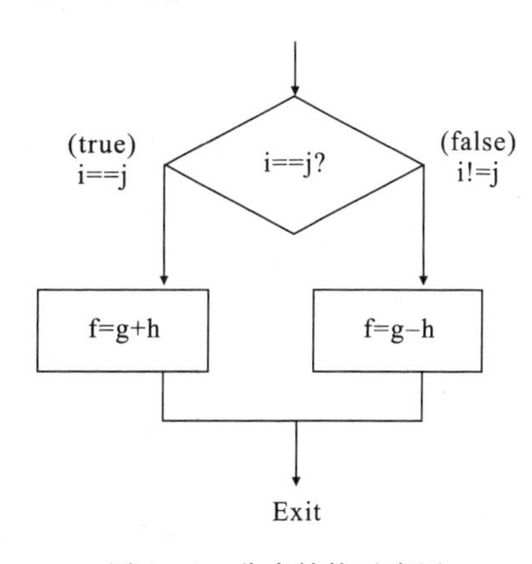

图 1－2　分支结构示意图

注意：在高级语言代码中是没有标号的，但为了处理分支，编译器会自动生成标号(labels)。

## 二、用分支指令实现循环控制

1. 两个“逻辑”指令

逻辑左移指令是 sll (Shift Left Logic)，具体例子如：

sll　$s1，$s2，2　　#s1＝s2≪2

该指令的功能是将寄存器$s2 的值左移 2 位，并将结果存放到$s1 中，在右边空出来的位中补 0，和 C 语言的“≪”运算符等价。假定$s2 的值是 2，则

$s2 的值为：

0000 0002（16 进制）　0000 0000 0000 0000 0000 0000 0000 0010（二进制）

执行之后为$s1 的值，为：

0000 0008（16 进制）　0000 0000 0000 0000 0000 0000 0000 1000（二进制）

从以上结果可以看出，左移二位实现了乘 4（$=2^2$），推广到左移 n 位的情形，其结果是实现乘以 $2^n$。与逻辑左移指令类似，逻辑右移指令为：srl (Shift Right Logic)，它相当

于C语言中的“≫”运算符。

2. 循环

下面是一段很简单的C语言循环程序，其中A []是一个整型数组：

```
do {
        g=g+A [i];
        i=i+j;
} while (i ! = h);
```

要把它翻译成MIPS程序。首先，重写以上程序为条件语句的形式：

```
Loop: g=g+A [i];
        i=i+j;
        if (i ! =h)
        goto Loop;
```

然后，使用如下映射关系：

g -> $s1; h -> $s2; i -> $s3; j -> $s4; A的基地址-> $s5

则可把上面语句翻译成为如下的MIPS代码：

```
Loop: sll $t1, $s3, 2            # $t1=4*i, 乘4得字节地址
        add $t1, $t1, $s5        # $t1=A的地址
        lw $t1, 0 ($t1)          # $t1=A [i]
        add $s1, $s1, $t1        #g=g+A [i]
        add $s3, $s3, $s4        #i=i+j
        bne $s3, $s2, Loop       # if i! =h goto Loop
```

在C语言中有3种循环方式：while; do... while; for。这3种循环中的任何一种形式都可以用其他两种表达，因此前面例子中所用的方法同样可以应用于while和for循环。从上面的讨论中知道，尽管有多种流程控制方式，但其关键均是条件分支。

## 三、MIPS汇编中的不等式判断

到目前为止，仅能对是否相等进行判断，也就是C语言中的“==”和“!=”。通常程序还需要对小于“<”和大于“>”进行判断。因此，需要有对应的分支语句。一种可能的做法是提供4个条件判断语句：

小于分支：　　blt (branch less than)

大于分支：　　bgt (branch great than)

小于等于分支：　ble (branch less or equal)

大于等于分支：　bge (branch great or equal)

但在处理器设计中通常采用一种更聪明的做法，通过提供一条指令来实现4种条件分支。MIPS中的该不等式判断指令是：slt (Set on Less Than)。

其句法为：slt　reg1, reg2, reg3

与指令对应的C语句是：reg1= (reg2<reg3);

逻辑更清晰的C语句是：if (reg2 < reg3) reg1=1; else　reg1=0;

利用slt指令，可以实现小于分支，如C语言的小于分支语句：

```
if (g<h) goto Less;    #变量映射为 g：$s0，h：$s1
```

可以翻译成 MIPS 代码：

```
slt   $t0, $s0, $s1     # 如果 g<h，则$t0=1
bne   $t0, $0, Less     # if $t0!=0 goto Less 即 (if (g<h)) Less
```

此处，寄存器$0的值恒为0。前一句话，实现当条件成立时，$t0赋值为1，然后1不等于0实现分支。因此，指令slt与bne的组合实现了小于分支。

现在实现了对小于"<"的判断，但又如何实现">""≤"和"≥"呢？一种做法是新加3个指令：sgt，sle，sge，但这样与我们开始的设想不一致。事实上也违背了MIPS设计的准则，即指令数目越少越好。由于小于判断与大于等于判断互逆，而等于和不等于互逆，因此只需将前面的bne改为beq即可实现大于等于的判断，具体指令如下：

```
slt   $t0, $s0, $s1      # $t0=1 if a<b
beq   $t0, $0, GreatE    # GreatE if a>=b
```

对应的实现a小于等于b的指令，只用在上式中交换a，b的位置即可，指令如下：

```
slt   $t0, $s1, $s0      # $t0=1 if b<a
beq   $t0, $0, LessE     # LessE if b>=a
```

同样的道理可以实现大于指令。

另外，为了与常数比较，MIPS也设计了slt的立即数版本slti，用来判断是否小于常数，即slti。此运算可应用于循环中，如下面的C语句：

```
if (g>=1) goto Loop
```

转化成MIPS为：

```
slti  $t0, $s0, 1       # $t0 = 1 if $s0<1 (g<1)
beq   $t0, $0, Loop     # goto Loop
                        # if $t0==0 (if (g>=1))
```

同样，还有针对无符号数的不等式判断指令：sltu，sltiu，该指令将操作数看成无符号数来进行比较。需要注意的是，寄存器中的数是二进制串，本身是不存在"有符号"或"无符号"的定义的，其含义决定于指令，如对于如下寄存器数中的十六进制数：

```
$s0=FFFF FFFA          $s1=0000 FFFA
```

不难看出，当看成是无符号数时$s0大一些，而看成有符号数时$s0是负数，就小一些。因此对于语句

```
slt $t0, $s0, $s1
sltu $t1, $s0, $s1
```

$t0，$t1将取不同的值。

另外，在MIPS的指令中无符号标识u具有不同的含义。如对于装入字节lbu，是进行符号扩展；对于addu是不检测溢出，而sltu是进行无符号数比较。

## 四、将 switch 语句编译成汇编指令

以下C语言switch语句，实现根据k的取值选择4种可能的运算：

```
switch (k) {
        case 0: f=i+j; break;        /* k==0 */
```

```
        case 1: f=g+h; break;        /* k==1 */
        case 2: f=g-h; break;        /* k==2 */
        case 3: f=i-j; break;        /* k==3 */
        }
```

为了方便使用前面介绍的汇编指令，改写为如下 if-else 语句：

```
if (k==0) f=i+j;
    else if (k==1) f=g+h;
        else if (k==2) f=g-h;
            else if (k==3) f=i-j;
```

对于该语句的编译，使用以下变量映射：f -> $s0，g -> $s1，h -> $s2，i -> $s3，j -> $s4，k -> $s5。则可将以上代码转换为如下的 MIPS 指令：

```
      bne   $s5, $0, L1        # branch k! =0
      add   $s0, $s3, $s4      # k==0 so f=i+j
      j     Exit               # end of case, so Exit
L1:   addi  $t0, $s5, -1       # $t0=k-1
      bne   $t0, $0, L2        # branch k! =1
      add   $s0, $s1, $s2      # k==1 so f=g+h
      j     Exit               # end of case, so Exit
L2:   addi  $t0, $s5, -2       # $t0=k-2
      bne   $t0, $0, L3        # branch k! =2
      sub   $s0, $s1, $s2      # k==2 so f=g-h
      j     Exit               # end of case, so Exit
L3:   addi  $t0, $s5, -3       # $t0=k-3
      bne   $t0, $0, Exit      # branch k! =3
      sub   $s0, $s3, $s4      # k==3 so f=i-j
Exit:
```

# 第七节　函数调用

在结构化程序设计中，函数起着非常重要的作用，本节就将讨论汇编语言中如何实现函数调用功能。

## 一、函数的跳转指令

逻辑上，函数调用是要跳转到函数实现的代码处执行函数，执行完后，就返回主调程序，然后继续执行下面的语句。很显然函数需要有跳转指令来支持，下面以这段 C 程序为例子，考虑如何将函数调用转化成 MIPS 语句。

```
main () { c=sum (a, b);}     /* a: $s0, b: $s1, c: $s2 */
int sum (int x, int y) {  return x+y;}
```

在 MIPS 处理器中，所有指令都占 4 个字节，和数据一样存储在内存中。因此一种可能的翻译及在内存中的存储情况如下（第一列表示内存地址）：

```
1000            j      sum       #jump to sum
1004 end:       exit
…
2000      sum: add   $s2, $s0, $s1
2004            j      end
```

但以上代码有几个问题。其一是主程序中的变量 a，b 和函数中 x，y 直接共享了 $s0，$s1，没有体现函数的值传递过程。其二是函数 sum 执行完成后返回到固定位置，这对多次调用函数会出现问题，如对程序：

```
main () { c=sum (a, b); sum (b, c)}    /* a: $s0, b: $s1, c: $s2 */
int sum (int x, int y) {  return x+y;}
```

可能翻译成：

```
1000          j      sum       #jump to sum
1004 end1:    add   $s0, $s1, $0
1008          add   $s1, $s2, $0
1012          j      sum       #jump to sum
1016 end2:    exit
…
2000    sum:  add   $s2, $s0, $s1
2004          j      end?
```

最后一行的返回语句，当第一次调用 sum 时，应该返回到 end1，而第二次调用 sum 时，应该返回到 end2。但 j 语句只能跳转到固定位置，一种可能的解决此问题的方法是让返回值地址可变，即存到对应于 C 变量的寄存器中，并设计一条跳转到寄存器的指令。事实上 MIPS 处理器确实设计了此指令 jr (jump to register)，其格式如下：

```
jr   $ra   #跳到寄存器所指定的地址
```

这里，MIPS 规定使用通用寄存器 $ra 来存储返回值地址。另外，实现函数之间参数传递的方式，在 MIPS 中采用的是将要传递的参数共享到寄存器变量中，具体使用的是 $a0，$a1，$a2，$a3 四个变量，其中 a 的含义是参数 (argument)。上面程序正确翻译如下：

```
1000    add     $a0, $s0, $zero    #参数传递，将变量$s0的值赋给实参$a0
1004    add     $a1, $s1, $zero
1008    addi    $ra, $zero, 1016   #存储函数返回地址
1012    j       sum                #调用函数 sum
1016    add     $a0, $s1, $zero
1020    add     $a1, $v0, $zero
1024    addi    $ra, $0, 1032      #存储函数返回地址
1028    jr      $ra                #调用函数 sum
1032    exit
…
2000    sum: add $v0, $a0, $a1
```

```
2004    jr      $ra
```

上面翻译中，一方面利用$a?作为共享变量实现了函数调用中的参数传递，另一方面在调用函数前将返回地址存储在寄存器$ra中。而函数执行完成后通过jr $ra返回主函数，同时还将函数的返回值存储在通用寄存器$v0中。

由于函数调用经常出现，而调用过程需要两条指令：一条是存储返回值，另一条是实现跳转。为了加速这一过程，MIPS设计了一个专门的跳转指令jal（jump and link），如前面例子中的语句：

```
1008    addi    $ra, $zero, 0x1010    #存储函数返回地址
1012    j       sum                   #调用函数sum
```

可用jal指令替换为：

```
1008    jal     sum                   # $ra=1012, goto sum
```

使用jal指令的另一好处是，不必计算代码装入到内存的何处，可直接使用。

jal指令的语法和j一样：jal label。如前所述其执行过程分两步：

第一步（link）：保存下一指令的地址到$ra

第二步（jump）：跳转到给定标记处label

因此，jal的真正含义是laj（link and jump）：链接后跳转。

综上所述，在函数调用过程中，通常用寄存器来保存函数调用过程中用到的各种信息。寄存器的使用约定如下：

函数返回地址：　$ra

函数参数：　$a0，$a1，$a2，$a3

函数返回值：　$v0，$v1

当然，还有其他方法来实现以上信息的保存，就是下面要讨论的栈（stack）。

## 二、函数嵌套调用

本节讨论函数嵌套调用的翻译问题，以下面简单的C程序实例来讨论：

```
main () {sumSquare(a,b);}          /* a, b: $s0, $s1 */
int sumSquare (int x, int y) {     return mult (x, x) + y;}
int mult (int x, int y) {     return x * y;}
```

按照上一节介绍的方法，可转换成如下MIPS语句（此处为了清晰地表示返回地址，没有使用jal）：

```
1000    add     $a0, $s0, $zero    # x=a
1004    add     $a1, $s1, $zero    # y=b
1008    addi    $ra, $zero, 1016   # $ra=1016
1012    j sumSquare                #jump to sumsquare
1016    …
2000    sumSquare:
…
2008    addi    $ra, $zero, 2016
2012    j       mult
```

```
…
2020    jr      $ra
3000    mult:   mul             $v0, $a0, $a1
3004    jr      $ra
```

这里程序调用过程是：主程序调用 sumSquare，而 sumSquare 调用 mult。主程序调用 sumSquare 时将返回的地址 1016 存储在 $ra 中，接着跳转到 sumSquare 中执行。而执行 sumSquare 时要调用 mult，此时会将返回地址 2016 保存到 $ra 中，而执行完 mult 后，能返回到 2016 继续执行函数 sumSquare，运行到 2020 时会执行 jr $ra，但此时 $ra 中的值是 2016，无法返回到主函数中了。其原因是在调用 mult 前用保存返回地址 2016 覆盖了 sumSquare 要返回到主函数的地址 1016。因此，就需要在调用 mult 之前，保存 sumSquare 的返回地址。

一种做法是在跳转函数 mult 且改写 $ra 之前，先将 $ra 的值保存到另一变量中，如

```
2008    add     $t9, $ra, $zero
2012    addi    $ra, $zero, 2016
2016    j       mult
2020    add
```

但对于更多层的嵌套，需要更多的寄存器，因此必然出现寄存器不够用，同时在传参数时，也只有 4 个寄存器，同样会出现不够用的情形。解决此问题的办法是使用内存中的栈（stack）来保存这些信息。栈是一种先进后出数据结构，在高级语言中使用非常方便，但在汇编语言中需要自己来维护栈。

具体来说，MIPS 通过使用通用寄存器 $sp 作为栈指针来指向栈的最后使用空间。在使用栈时，首先将栈指针下移（减小）所需要的空间，然后将信息填充到移出的空间中。

因此，前面 sumSquare 函数可手工编译成下面的汇编指令：

```
sumSquare:
        addi    $sp, $sp, -8        # 申请栈空间
        sw      $ra, 4($sp)         # 保存主调函数的返回地址
        sw      $a1, 0($sp)         # 保存 y
        add     $a1, $a0, $zero     # mult（x, x）将第二个参数复制成第一个
        jal     mult                # 跳转到 mult，调用
        lw      $a1, 0($sp)         # 恢复 y
        add     $v0, $v0, $a1       # mult（）+y
        lw      $ra, 4($sp)         # 取回主调函数的返回地址
        addi    $sp, $sp, 8         # 恢复栈
        jr      $ra
mult: ...
```

上面所示的 sumSquare 函数调用基本流程是：

（1）申请栈空间，保存主调函数（main）返回地址及后面可能用到的值到栈。

（2）调用下级函数（mult）前，对 mult 的形参进行必要的赋值。

（3）使用跳转语句（jal）调用函数 mult。

(4) 从栈中恢复值。

进行函数调用时，遵循的基本规则如下：使用 jal 指令调用子程序；使用 jr $ra 返回主程序；用共享变量实现参数传递，将函数参数存储在 $a0，$a1，$a2 和 $a3 寄存器中实现该过程；返回值存储在 $v0 中（也有可能在 $v1 中）。

## 三、寄存器约定

到目前为止，已经介绍了所有的寄存器，表 1－1 总结了 MIPS 汇编语言各寄存器的用途，这是所有 MIPS 汇编程序员应共同遵守的基本约定。

**表 1－1　寄存器使用约定**

| 名称 | 寄存器号 | 用途 |
|---|---|---|
| $zero | $0 | 常数 0 |
| $at | $1 | 汇编器保留 |
| $v0－$v1 | $2－$3 | 返回值 |
| $a0－$a3 | $4－$7 | 函数参数 |
| $t0－$t7 | $8－$15 | 临时变量 |
| $s0－$s7 | $16－$23 | C 中的变量 |
| $t8－$t9 | $24－$25 | 更多的临时变量 |
| $k0－$k1 | $26－27 | 专供内核程序使用 |
| $gp | $28 | 全局指针 |
| $sp | $29 | 栈指针 |
| $fp | $30 | 帧指针 |
| $ra | $31 | 返回地址 |

更重要的寄存器约定是规定在过程调用时，哪些寄存器是给主调函数使用的，哪些是给被调函数使用的，从而避免主调函数和被调函数之间发生冲突。对于给主调函数使用的寄存器，主调函数不担心被调函数会修改其内容。因此，不用将它们的值保存到栈中，被调函数在修改这些寄存器之前，应将这些寄存器保存到栈中，并在返回主调函数之前，恢复这些寄存器的值。但对于给被调函数使用的寄存器，则主调函数不应在其中存储任何信息，因为被调函数会修改它，在返回主调函数时这些寄存器的值会变化，因此如果主调函数在调用被调函数前，应将这些寄存器的值保存到栈中，调用完成后再从栈中恢复这些寄存器的值。

$0：始终没有改变，总是 0。

$s0－$s7：如果改变，必须恢复。非常重要的寄存器，这也是其被称为存储（saved）寄存器的原因。如果被调用函数 callee 以任何方式改变它们，必须在返回时恢复为原值。

$sp：如果改变，必须恢复。栈指针在 jal 调用前后必须指向同一地址，否则调用者无法从栈中恢复值（注：所有存储寄存器以 s 开头）。

$ra：可改变，jal 指令调用自己就会改变此寄存器的值。在嵌套调用时，调用函数需将它保存在栈上。

$v0－$v1：可改变，并更新为新的返回值。

＄a0－＄a3：可改变，这些是可变的参数寄存器。如果在调用函数后，还需要使用这些参数，则调用者需要保存它们。

＄t0－＄t9：可改变，它们被称为临时变量，因为在任何过程中，任何时间都可以改变这些寄存器的值。但如果在调用后，还需要使用这些参数，调用者就需要把它们保存起来。

当读到寄存器＄gp 和＄fp 时，不需要太紧张，因为你即使不用它们，也是一样可以写出很棒的 MIPS 程序的。

调用者（caller）是指调用函数，被调用者（callee）也就是指被调用函数；当被调用函数执行完成后，调用函数需要知道哪些寄存器可能会被改变，以及哪些寄存器是保证不会改变的。根据上面的约定，如果有函数 R 调用函数 E，则有：函数 R 需保存临时变量，在执行 jal 跳转前，R 需要保存临时变量到栈上（当然是在调用后还需要使用的临时变量）；函数 E 不能改变 s 变量的值，对于 S（saved）寄存器，函数 E 在改变其值之前，必须先保存，并在返回前恢复其值（注意：caller/callee 仅仅需要保存其需要使用的临时寄存器和存储寄存器，而不是所有的寄存器）。

假定我们需要翻译下面这段 C 语言程序：

```
main ()
{
     int i, j, k, m;
     i=mult (j, k); …
     m=mult (i, i); …
}
/* 用加法实现乘法*/
int mult (int mcand, int mlier)
{
   int product;
    product=0;
   while (mlier>0)
    {
     product=product+mcand;
     mlier=mlier-1;
   }
   return product;
}
```

## 第八节　逻辑运算

到目前为止，已经学习了算术指令（add，sub，addi），内存访问指令（lw，sw），分支和跳转语句。所有这些指令都是把一个寄存器的内容（32 位）看成了一个整体（如有无符号的整数）。现在需要以一个新的视角来看寄存器的数，即把一个寄存器看成 32 个逻辑数，而不是一个整体的 32 位数。

当把寄存器看成 32 个逻辑位时，经常需要访问其中的某一位（或某几位），而不是全部 32 位。这通常可用逻辑和移位来实现。下面就来介绍这些指令。

基本逻辑运算包括“与”运算和“或”运算，即 and 和 or。

“与”运算的逻辑是：当且仅当两个输入都为 1 时，结果为 1。

“或”运算的逻辑是：两个输入中，只要有一个输入为 1 时，结果为 1。

真值表（列出所有可能输入及对应输出的表）如表 1－2 所示。

**表 1－2　“与”“或”逻辑真值表**

| A | B | A and B | A or B |
|---|---|---|---|
| 0 | 0 | 0 | 0 |
| 0 | 1 | 0 | 1 |
| 1 | 0 | 0 | 1 |
| 1 | 1 | 1 | 1 |

逻辑指令语法如下：

1　2，3，4

其中，1 表示指令名称；2 表示结果寄存器；3 表示第一个操作数（寄存器）；4 表示第二个操作数（寄存器）或立即数（数值常数）。指令（and，or）需要第三个参数为寄存器；指令（andi，ori）需要第三个参数为立即数。

对于一般语言而言，可以有大于 2 个输入，但在 MIPS 汇编中，只能有 2 个输入产生 1 个输出，这种格式是固定的，因为这样实现起来硬件更简单。

MIPS 逻辑运算都是按位的，即第 0 位输出由第 0 位输入产生，第 1 位输出由第 1 位输入产生，以此类推。在 C 语言语句中，and 的表示符号是 &（比如 z=x & y;），or 的表示符号是 |（比如 z=x | y;）。注意：任何数与 0“and”都为 0，与 1“and”保持不变。这可以用来产生掩码，例如下面两个 32 位的二进制数：

1011 0110 1010 0100 0011 1101 1001 1010

0000 0000 0000 0000 0000 1111 1111 1111

按位相“与”的结果是：

0000 0000 0000 0000 0000 1101 1001 1010

则第二个位串就称为掩码。用于把第一个位串最右边的 12 位分离出来，而把其余的位遮住。这样，“and”运算可以用于设置位串的某部分为零，而其他部分不变。具体来说，如果上面例子中的第一个位串在 $t0 中，那么如下指令将对其掩码：

andi　$t0，$t0，0xFFF

类似地注意到，任何数与 1“or”结果为 1，而与 0 做“or”运算，结果为原数。这可以用于强制字串的某些位为 1。例如，如果 $t0 的值为 0x12345678，则在进行运算：ori $t0，$t0，0xFFFF 后，$t0 变为 0x1234FFFF，即高 16 位不变，低 16 位变为 1。

接着再来介绍一下移位指令：将一个字的所有位左移或者右移一定数量的位数。

例如，对下面的数右移 8 位。

位移前：0001 0010 0011 0100 0101 0110 0111 1000

位移后：0000 0000 0001 0010 0011 0100 0101 0110

例如，对下面的数左移 8 位。

位移前：0001 0010 0011 0100 0101 0110 0111 1000

位移后：0011 0100 0101 0110 0111 1000 0000 0000

移位指令语法：

1　2，3，4

其中，1 表示指令名字；2 表示结果寄存器；3 表示首操作数（寄存器）；4 表示平移量，它是一个常数，必须小于 32。

下面就是 MIPS 的 3 个移位指令：

（1）sll（逻辑左移）：左移，空出来的位填充 0。

（2）srl（逻辑右移）：右移，空出来的位填充 0。

（3）sra（Shift Right Arithmetic）（算术右移）：右移，空出来的位进行符号扩展。

例如，对下面的数算术右移 8 位。

位移前：0001 0010 0011 0100 0101 0110 0111 1000

位移后：0000 0000 0001 0010 0011 0100 0101 0110

例如，对下面的数算术右移 8 位。

位移前：1001 0010 0011 0100 0101 0110 0111 1000

位移后：1111 1111 1001 0010 0011 0100 0101 0110

由于移位操作比乘法快，因此好的编译器通常会注意到 C 代码乘以 2 的某个幂次，而使用移位指令来编译。比如 C 语句：a *=8;

将其编译成 MIPS 为：sll $s0，$s0，3

类似地，右移将用来做除以 2 的幂次。但要记住应该使用 sra。

# 第二章　指令表示

计算机分为几个抽象层次，从上到下为：

(1) 高级语言程序，比如 C 语言程序。

(2) 汇编语言程序，比如 MIPS 汇编程序。

(3) 机器语言程序，比如由 0，1 表示的 MIPS 程序。

(4) 机器解释。

(5) 结构实现。

计算机的一个重要思想是存储程序，其基本含义是：指令表示为位模式，即指令以数的形式表示。因此程序可以存储在内存中，并能像数据一样进行读写。这种思想极大地简化了微处理器的硬件设计，它使得内存既用于存储数据，也用于存储程序。由于所有的指令和数据都存储在内存中，因此指令和数据都有内存地址，对于分支和跳转指令需要这些地址来实现跳转到相应的位置去获得这些指令。

C 语言的指针指向的是内存地址，编译器对其没有限制，因此可以指向内存的任何位置，从而有可能产生不可预见的可怕错误（bug），因此 C 语言需要谨慎使用指针。而在 Java 中则没有提供指针，因此不存在此问题。汇编语言中有专门的寄存器 PC（Program Counter）保存将要执行的指令地址，就其根本上讲它是一个内存指针，在 Intel 的处理器中，其被称为指令地址指针，该名称更贴近其含义。

最终机器认识的执行程序是以二进制形式表示的位串，其含义由各处理器厂家定义，如 1000，某个厂家定义此指令为加法，而其他厂家可能定义其为减法。如日常使用的 PC 机和手机上的处理器，其指令集是不同的。这里指令集指对于某个处理器定义的用二进制位串表示的所有指令。

在设计处理器时，通常需要保证新处理器与旧处理器兼容。即新的处理器包含旧处理器的指令，并能正确运行基于旧处理器生成的二进制位串表示的指令。即新处理器能运行由源程序编译产生的新指令，也能运行老程序。指令集随时间和技术的发展而不断演化，但必须保证"向后兼容"。如最初的 IBM PC 使用 Intel 8086 芯片的指令集，经过 80186，80286，80386，80486，80586（奔一），直到奔四处理器，都能运行最初的 8086 指令。

## 第一节　以数的形式出现的指令

前面介绍的所有数据都是以字（32 位块）作为单位，如每个寄存存储一个字；lw 和 sw 每次访问一个字等。那么，指令该如何存储和表示呢？MIPS 的首要特点就是简单，数据存储在字中，指令存储当然也希望是字的形式！回忆一下：由于计算机只能识别 1 和 0，因此"add $t0，$0，$0"没有任何意义。

一个字 32 位，因此将字分割成为"字段"，每个字段说明指令的一些信息。虽然对每个指令的字段定义方式可以完全不同，但是 MIPS 的原则是简单，因此定义 3 种基本形式。

I 格式（I－format）：用于有立即数的指令，指令 lw 和 sw（偏移量也可看成立即数），分支语句（beq 和 bne），但不用于移位指令。

J 格式（J－format）：用于指令 j 和 jal。

R 格式（R－format）：用于所有其他的指令。

为什么要分为这几种指令形式呢？下面将一一讲解。

## 一、R 格式指令

每个“字段”的位数为：6 ＋ 5 ＋ 5 ＋ 5 ＋ 5 ＋ 6 ＝ 32

| 6 | 5 | 5 | 5 | 5 | 6 |
|---|---|---|---|---|---|

为了好记，每个字段名字如下：

| opcode | rs | rt | rd | shamt | funct |
|---|---|---|---|---|---|

注意：在此书中，每个字段看成 5 位或者 6 位的无符号数，而不是作为 32 位整数的一部分，则 5 位字段可表示 0～31 中的所有数，而 6 位字段可表示 0～63 间的所有数。

那么各字段整数值的含义是什么呢？

opcode：对所有 R 格式指令，此字段为 0；funct 和 opcode 一起，共同指定指令的确切含义。

思考：为什么不把 opcode 和 funct 组合成单个 12 位字段？

rs（Source Register）：通常用于指定首操作数所在的寄存器。

rt（Target Register）：通常用于指定次操作数所在的寄存器。

rd（Destination Register）：通常用于指定存放计算结果的寄存器。

shamt：该字段包含移位指令需要移的位数，32 位字移多于 31 位是没有意义的，因此该字段只有 5 位（故可以表示 0～31 间的数），除了移位指令外，该字段设置为 0。

有关寄存器字段的注解：每个寄存器字段正好是 5 位，故可以指定 0～31 间的任意正整数。每个这样的字段可以指定 32 个寄存器中的一个。这里“通常”的原因是会有一些例外，后面会看到：mult 和 div 指令，在 rd 字段中没有放任何重要信息，因为其结果放在 hi 和 lo 寄存器中；mfhi 和 mflo 指令在 rs 和 rt 字段中没有任何有意义的内容，因为已由指令决定了。

下面来看个例子，有如下 MIPS 指令：

add　　$8，$9，$10

想要把它表示为字的形式，则根据字段的划分，每个字段的值分别如下：

opcode＝0（参见附录）　funct＝32（参见附录）　rd＝8（目的）

rs＝9（首操作数）　rt＝10（次操作数）　shamt＝0（非移位）

则每个字段的十进制数表示为：

| 0 | 9 | 10 | 8 | 0 | 32 |
|---|---|---|---|---|---|

转换成二进制表示为：

| 000000 | 01001 | 01010 | 01000 | 00000 | 100000 |
|---|---|---|---|---|---|

转换成十六进制表示为：012A $4020_{hex}$；转换成十进制表示为：19 546 $144_{ten}$，它们都称为机器语言指令。

## 二、I 格式指令

有立即数的指令是什么形式呢？5 位字段表达的数最大只能是 31，但立即数可能比这个数大得多。理想的情况是，MIPS 只有一种指令格式，这样就更加简单了。但不幸的是，这里需要妥协。因此定义新的指令格式——I 格式指令，它与 R 格式指令部分兼容。如果指令有立即数，其最多使用 2 个寄存器。则每个“字段”位数定义为：6+5+5+16=32bits。

| 6 | 5 | 5 | 16 |
|---|---|---|---|

同样，每个字段有一个名字：

| opcode | rs | rt | immediate |
|---|---|---|---|

可以看出 I 格式指令只有一个字段与 R 格式不兼容，更重要的是，opcode 在同样的位置。各字段的含义：opcode，与前面的相同，只是由于没有 funct 字段，opcode 独立指定指令的 I 格式（这样也就回答了为什么 R 格式由两个 6 位字段来确定指令，而不是一个 12 位字段：为了尽量与其他格式兼容，同时让立即数字段有更大的存储空间）；rs，指定寄存器操作数；rt，指定保存计算结果的寄存器（这也是为什么称目标寄存器为“rt”的原因），或者对于一些指令指定其他操作数；立即数字段：指令 addi，slti，sltiu，立即数符号扩展为 32 位，因此将其看成有符号整数；16 位可以最多表示 $2^{16}$ 个不同的值，这对于处理普通的 lw 和 sw 的偏移量来说是足够大了，另外对于大多数 slti 指令中要使用的值也是可以的。

*思考：如果处理的数实在太大，怎么办呢？后面会进行讲解。*

接着，再来看个例子，有 MIPS 指令为：

addi　$21，$22，−50

想要把它表示为字的形式，则根据字段的划分，每个字段的值分别如下：

opcode=8（参见附录）　rs=22（包含源操作数的寄存器）

rt=21（结果寄存器）　　immediate=−50（缺省情况，这是十进制数）

则每个字段的十进制数表示为：

| 8 | 22 | 21 | −50 |
|---|---|---|---|

各字段的二进制表示：

| 001000 | 10110 | 10101 | 1111111111001110 |
|---|---|---|---|

转换成十六进制表示为：22D5 $FFCE_{hex}$；转换成十进制表示为：584 449 $998_{ten}$，它们都称为机器语言指令。

现在就来解决刚才思考的问题吧。如果需要一种办法来处理任意 I 格式所有 32 位立即数，这就需要增加新指令：lui　register，immediate。

lui（Load Upper Immediate）表示装入立即数高位，即取立即数的高 16 位，并将这些位放到指定寄存器的上半部（高位部分），而设置低半部分为 0。那么 lui 到底如何帮我们呢？例如指令：

```
addi    $t0, $t0, 0xABABCDCD
```

可改为：

```
lui     $at, 0xABAB
ori     $at, $at, 0xCDCD
add     $t0, $t0, $at
```

因此，I 格式指令仅取 16 位立即数。

## 三、分支：PC 相对寻址

如果使用 I 格式指令：

| opcode | rs | rt | immediate |
|---|---|---|---|

opcode 指定指令 beq 和 bne；rs 和 rt 指定要比较的寄存器；立即数指定什么呢？立即数 Immediate 仅有 16 位。PC（Program Counter）保存当前要执行指令的字节地址，指向内存的 32 位指针。因此 immediate 无法指定整个跳转的地址。

32 位分支指令解决方案就是 PC 相对寻址。令 16 位立即数（immediate）字段为用补码表示的有符号数，在分支时，将其加上 PC 值得到要去的地址。那么，可以以 PC 为基点，分支 $\pm 2^{15}$ 字节，这对大多数循环来说足够了。但如何进一步优化呢？

注意：指令是以字的形式存放的，因此是字对齐的（字节地址总是 4 的倍数，即 2 进制形式表示时，最后两位总是 00）。因此，加到 PC 上的字节数永远都是 4 的倍数。因此，指定立即数 immediate 以字作为单位。那么，以 PC 为基点，可以分支 $\pm 2^{15}$ 个字（或 $\pm 2^{17}$ 个字节），这样可以处理的循环范围扩大为原来的 4 倍。

在进行分支计算时，如果不进行分支：

$$PC = PC + 4$$

PC+4=下一指令的字节地址

如果进行分支：

$$PC = (PC + 4) + (immediate * 4)$$

其中，Immediate 字段指定跳转的字数，即要跳过多少条指令。Immediate 字段可正可负。由于硬件的原因，立即数是加到（PC+4）上，而不是加到 PC（这样做的原因后面会讲解）。

下面再来看个例子，一段 MIPS 代码：

```
Loop:   beq     $9, $0, End
        add     $8, $8, $10
        addi    $9, $9, -1
        j       Loop
End:
```

Beq 分支是 I 格式，其中，opcode=4（参见附录）；rs=9（首操作数）；rt=0（次操作数）；immediate=3（加到 PC 或者从 PC 中减去的指令的条数，从分支的后一条算起，所以在此处，immediate＝3)。

则每个字段的十进制数表示为：

| 4 | 9 | 0 | 3 |
|---|---|---|---|

每个字段的二进制数表示为：

| 000100 | 01001 | 00000 | 0000000000000011 |
|---|---|---|---|

考虑几个有关PC寻址的问题：如果要移动整个函数代码在内存中的位置，分支字段的立即数改变吗？（不需要改变，立即数只是指出相对位移）如果分支的目标＞$2^{15}$，怎么办？为什么需要不同的寻址方式（产生内存地址的不同方式），而不是仅使用一种。

## 四、J格式指令

对于分支，一般都假定跳转到不太远的地址上，因此可以指定PC的变化。但对于一般的跳转（j和jal），可能需要跳转到内存中的任意地址。理想的情况，指定跳转到32位内存地址处。可不幸的是，无法把6位opcode和32位地址，一起放到单个32位字中，因此就需要妥协。

J格式指令定义如下的“字段”位数：

| 6 | 26 |
|---|---|

同前面一样，每个字段有一个名字：

| opcode | target address |
|---|---|

其中，保持opcode字段与R格式和I格式兼容，并把其他所有字段合成为一个，形成一个大的目标地址空间。那么，现在就可以指定32位地址中的26位。但仍可以进行优化：和前面分支跳转一样，只能跳转到字对齐的地址，因此2进制最后两位总是00。因此，可以默认最后2位为00，而不必专门指定。

现在就指定了32位地址中的28位，但其他4位如何得到呢？一种做法是从PC处取得最高4位。从技术上讲，这意味着无法跳转到内存的任何地方，但对99.9999……%的情况，这是正确的，因为程序没有那么长。如果在跨过256MB边界时，真的需要指定32位地址，可以把该地址放到寄存器中，然后使用jr指令。

## 五、总结

MIPS机器语言指令（32位表示一个指令）：

|   |   |   |   |   |   |   |
|---|---|---|---|---|---|---|
| R | opcode | rs | rt | rd | shamt | Funct |
| I | opcode | rs | rt | immediate | | |
| J | opcode | target address | | | | |

注：分支使用PC相对寻址；跳转使用绝对寻址。

将指令格式分为 3 类，可使每一条指令刚好适合，充分发挥作用，且有利于 ALU 及指令译码设计。

这样看来其实反汇编很简单，下面会具体讲解。

## 第二节　反汇编

前面学习了如何把高级语言编译成机器语言，那么如何将机器语言的 1 和 0，转换成汇编语言，然后转换成 C 语言呢？对每个 32 位数：首先是看 opcode，以区分指令格式是 R 格式指令，还是 J 格式指令，或者是 I 格式指令；然后使用指令格式来确定存在哪些字段；接着写成 MIPS 汇编代码，转换每个字段为相应的名字，寄存器号/寄存器名或者十进/十六进制数；最后以合乎逻辑的方式将 MIPS 代码转换成有效的 C 代码。下面是十六进制表示的 6 条机器指令：

$00001025_{hex}$

$0005402A_{hex}$

$11000003_{hex}$

$00441020_{hex}$

$20A5FFFF_{hex}$

$08100001_{hex}$

假设首指令位于内存地址：$4\ 194\ 304_{ten}$（$0x00400000_{hex}$）。

第一步，把 6 条机器语言指令转换成二进制形式表示

00000000000000000001000000100101

00000000000001010100000000101010

00010001000000000000000000000011

00000000010001000001000000100000

00100000101001011111111111111111

00001000000100000000000000000001

第二步，确定 opcode 和指令格式

取 opcode（前 6 位）以确定指令格式，查看 opcode 表：0 为 R 格式指令；2 或 3 为 J 格式指令；其他均为 I 格式指令。

第三步，基于格式（由 opcode 确定）分割字段

格式：

| | | | | | | |
|---|---|---|---|---|---|---|
| R | 0 | 0 | 0 | 2 | 0 | 37 |
| R | 0 | 0 | 5 | 8 | 0 | 42 |
| I | 4 | 8 | 0 | +3 | | |
| R | 0 | 2 | 4 | 2 | 0 | 32 |
| I | 8 | 5 | 5 | −1 | | |
| J | 2 | 1 048 577 | | | | |

第四步，翻译（“反汇编”）为 MIPS 汇编指令

MIPS 汇编（Part 1）：

```
地址：          汇编指令：
0x00400000    or     $2, $0, $0
0x00400004    slt    $8, $0, $5
0x00400008    beq    $8, $0, 3
0x0040000c    add    $2, $2, $4
0x00400010    addi   $5, $5, -1
0x00400014    j      0x100001
```

更好的方案：翻译成更有意义的 MIPS 指令（确定分支/跳转相关的标号，以及寄存器），MIPS 汇编（Part 2）：

```
        or     $v0, $0, $0
Loop:   slt    $t0, $0, $a1
        beq    $t0, $0, Exit
        add    $v0, $v0, $a0
        addi   $a1, $a1, -1
        j      Loop
Exit:
```

第五步，转换成 C 代码（需要创造力！）

```
product = 0;
while (multiplier > 0) {
    product += multiplicand;    multiplier -=1;
}
```

## 第三节　伪指令

首先复习一下前面学过的知识，lui 的功能，例如下面指令：

```
    addi    $t0, $t0, 0xABABCDCD
```

可以改写成为：

```
    lui     $at, 0xABAB
    ori     $at, $at, 0xCDCD
    add     $t0, $t0, $at
```

那么，这里每个 I 格式指令仅有 16 位立即数。如果汇编器能自动完成以上指令转换当然更好，即判断当数太大时，将自动把指令 addi 换成指令 lui，ori，add 的组合。

伪指令是指不能直接转成机器语言，而是要先转成其他 MIPS 指令的 MIPS 指令，用于告诉汇编程序如何进行汇编的指令，它既不控制机器的操作也不被汇编成机器代码，只能为汇编程序所识别并指导汇编如何进行。将相对于程序或相对于寄存器的地址载入寄存器中。当汇编器碰到伪指令时，它会将其翻译成若干条“真正的”MIPS 指令。以下是一些示例：

（1）寄存器赋值 move　reg2，reg1

可扩展成：add　reg2，$zero，reg1

(2) 装入立即数 li　reg，value

如果立即数能装在 16 位中，可扩展成：addi　reg，$zero，value

如果不能，则扩展为：lui　$at，value 的高 16 位；ori　reg，$at，低 16 位

(3) 装入地址，将指令或者全局变量的地址装入到寄存器中 la　reg，label

同样，如果立即数能装在 16 位中，可扩展成：addi　reg，$zero，label_value。

如果不能，则扩展为：lui　$at，label_value 的高 16 位；ori　reg，$at，低 16 位。

这样会出现一个问题，就是解析伪指令时，汇编器需要使用附加寄存器。如果使用普通寄存器，会覆盖其值，可能影响程序执行。解决方案：保留一个寄存器（$1，名字为 $at，专门用作存放“汇编器临时变量”）给汇编器用于解析伪指令。汇编器会在任意时刻使用该寄存器，因此普通用户不能随意使用，因为会导致不安全。例如：

```
add     $at, $t0, $0
li      $t0, 0xABABCDCD
lui     $at, 0xABAB
ori     $at, $at, 0xCDCD
add     $t0, $t0, $at
```

接着来看两个伪指令的示例：

(1) 循环右移指令 (Rotate Right Instruction)：ror　reg，value

可以扩展为：

```
srl     $at, reg, value
sll     reg, reg, 32 - value
or      reg, reg, $at
```

(2) 错误操作的操作数：addu　reg，reg，value

如果值在 16 位能容下，addu 就改为：addiu　reg，reg，value

如果不能，则改写为：

```
lui     $at, value 的高 16 位
ori     $at, $at, value 低 16 位
addu    reg, reg, $at
```

如何区分带伪指令和不带伪指令的 MIPS 汇编语言程序呢？可以定义两种汇编语言：一种是包括伪指令的汇编语言 MAL (MIPS Assembly Language)，主要供程序员编写汇编代码使用；另一种是不包括伪指令的汇编语言 TAL (True Assembly Language)，可以转换成单个机器语言指令（32 位位串）的指令集。程序员编写的程序必须先从 MAL 转换成 TAL，然后再转成 1 和 0 串。

但又有新的问题，MIPS 汇编器/MARS (MARS 是 MIPS 汇编语言的模拟器，由密苏里州立大学开发，其网址是 https://courses.missouristate.edu/KenVollmar/mars/index.htm。它是基于 java 开发的一个轻量级的可以使用 MIPS 汇编语言编程的交互式开发环境）如何识别伪指令呢？答案：查找官方定义的伪指令，如 ror 和 move；查看一些特殊的情况，如某指令的操作数不正确，可想办法做出合适的处理。

下面是一小段 TAL 程序：

```
        or      $v0, $0, $0
```

```
Loop:   slt   $t0, $0, $a1
        beq   $t0, $0, Exit
        add   $v0, $v0, $a0
        addi  $a1, $a1, -1
        j     Loop
Exit:
```

现在转换成 MAL 程序，如下：

```
        li    $v0, 0
Loop:   ble   $a1, $zero, Exit
        add   $v0, $v0, $a0
        sub   $a1, $a1, 1
        j     Loop
Exit:
```

# 第三章　浮点数

计算机既可以处理无符号整数，从 0 到 $2^{N-1}$（对 32 位计算机，N＝32，$2^{N-1}$＝4294967295）；又可以处理符号整数，从 $-2^{(N-1)}$ 到 $2^{(N-1)}-1$（当 N＝32，$2^{N-1}$＝2147483648）。但当位数固定时，能处理的数是有限的，其一对很大的整数 31556926100（$3.155\,692\,610\,0\times10^{10}$）无法处理，其二对很小的数 0.000000000052917710（$5.2917710\times10^{-11}$）也没有办法处理，其三对既有整数部分又有小数部分的数无法处理。

先来解决第 3 种情况的问题，其解也可以用来解决第一、第二种情况的问题。

“二进制小数点”：和十进制小数点一样，指定整数和小数间的边界。例如，6 位二进制小数表示如下（如果二进制小数为 10.1010，则转换成十进制的小数就为：$10.1010_2=1\times2^1+1\times2^{-1}+1\times2^{-3}=2.625_{10}$）：

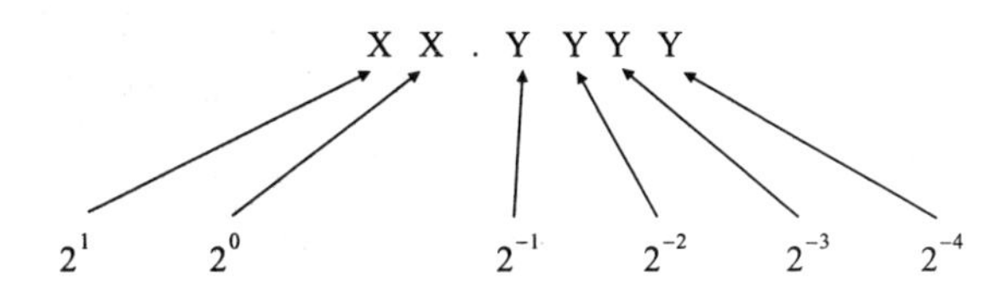


假定以上小数“固定小数点”，6 位这样的格式可以表示数的范围从 0 到 3.9375。

表 3-1 是 2 的幂次的倒数可以表示的小数。

**表 3-1　2 的幂次的倒数表示的小数**

| i | $2^{-i}$ | |
|---|---|---|
| 0 | 1.0 | 1 |
| 1 | 0.5 | 1/2 |
| 2 | 0.25 | 1/4 |
| 3 | 0.125 | 1/8 |
| 4 | 0.0625 | 1/16 |
| 5 | 0.03125 | 1/32 |
| 6 | 0.015625 | 1/64 |
| 7 | 0.0078125 | 1/128 |
| 8 | 0.00390625 | 1/256 |
| 9 | 0.001953125 | 1/512 |
| 10 | 0.0009765625 | 1/1024 |
| 11 | 0.00048828125 | 1/2048 |
| 12 | 0.000244140625 | 1/4096 |
| 13 | 0.0001220703125 | 1/8192 |
| 14 | 0.00006103515625 | 1/16384 |
| 15 | 0.000030517578125 | 1/32768 |

那么对于定点法表示的小数，加法和乘法结果正确吗？

加法的结果：

01.100　　$1.5_{10}$

\+ 00.100　　$0.5_{10}$

10.000　　$2.0_{10}$

乘法会更复杂一些（注意，需要记住小数点的位置）：

01.100　　$1.5_{10}$

* 00.100　　$0.5_{10}$

00 000

000 00

0110 0

00000

00000

0000110000　　$0.75_{10}$

到目前为止，表示小数用的是小数点固定的方法，但真正需要的是让小数点可以“浮动”。因为浮点数能更有效地使用有限的位数（从而在表示数的时候精度更高）。例如：将 0.1640625 表示成为二进制的 5 位，并确定小数点的位置。

…000000.001010100000…

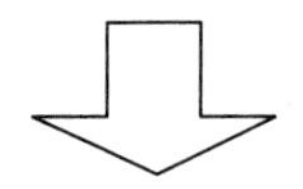

保存这 5 位，并记下其位置为小数点后 2 位，其他方案损失精度！

对于浮点表示法，每个数都包含一个字段记录小数点的位置。小数点可在有效位之外，因此可以表示很大的数和很小的数。

科学记数法（十进制）表示如下：

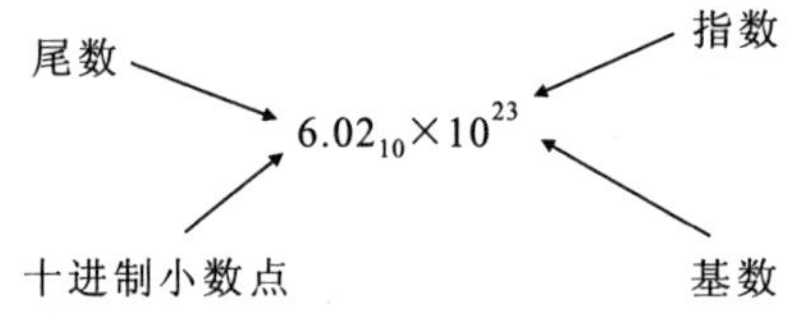


规范化形式是指小数点前无前导数 0，也就是说小数点左边有且仅有一位非零数字。表示数字 1/1000000000 有几种形式：规范化形式，$1.0\times10^{-9}$；非规范化形式，$0.1\times10^{-8}$，$10.0\times10^{-10}$。

科学记数法（二进制）表示如下：

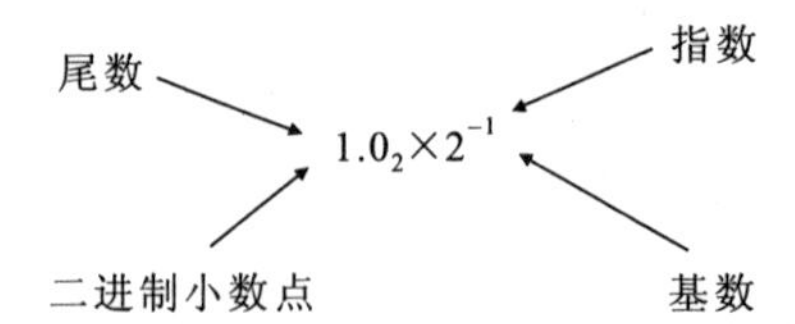


计算机有专门的算术指令支持这种数的运算，称为 floating point，因为其所表示的数的小数点是不固定的，这和整数不一样。在 C 语言中用 float 来声明该变量类型。

# 第一节 浮点数的表示

浮点数的普通形式表示为：$x.xxxxxxxxxx_{two}*2_{two}^{yyyy}$

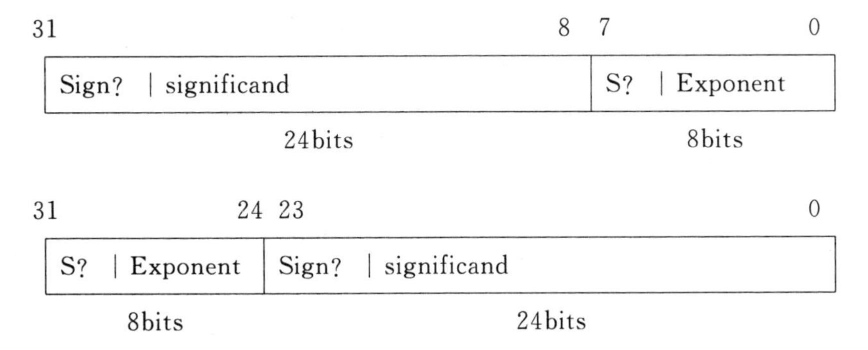


它的规范化形式是：$+1.xxxxxxxxxx_{two}*2_{two}^{yyyy}$，是字的倍数（32 位）。那么有：

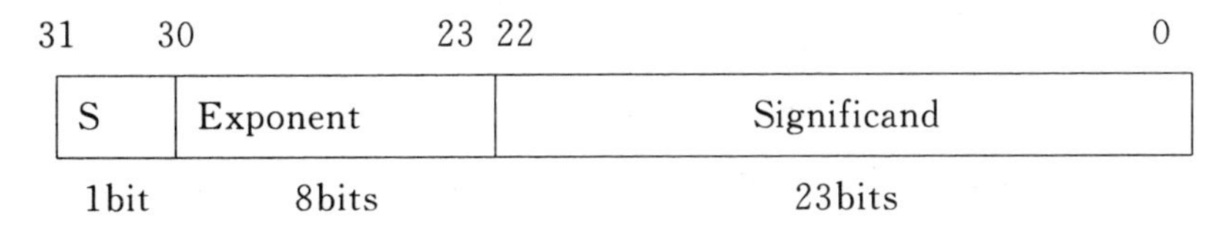


其中，S 表示 Sign，Exponent 表示指数 yyyy，Significand 表示乘号前的 xxxx。最小可表达 $2.0\times10^{-38}$，最大可表达 $2.0\times10^{38}$。但如果结果太大，怎么办？[大于 $2.0\times10^{38}$ 的数，或小于 $-2.0\times10^{38}$ 的数，就会出现上溢（Overflow），也就是正指数大于 8 位指数字段可表示范围] 如果结果太小，怎么办？[大于 0 且小于 $2.0\times10^{-38}$ 的数，小于 0 且大于 $-2.0\times10^{-38}$ 的数，就会出现下溢（Underflow），也就是负指数大于 8 位指数字段可表示范围]

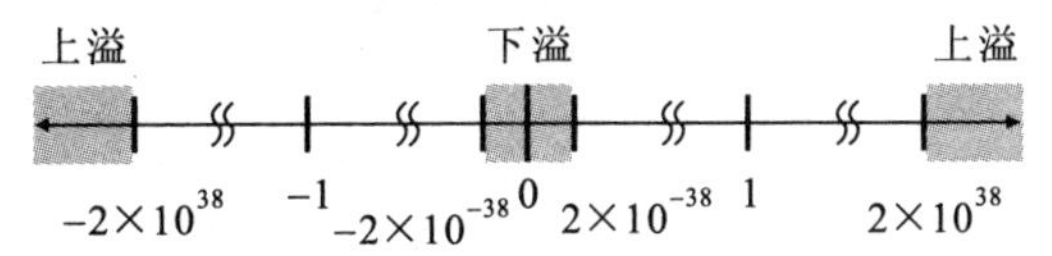


如何减少上下溢出的机会呢？可以采用双精度浮点数。

接着，介绍双精度浮点表示，它是字的 2 倍长（64 位）。

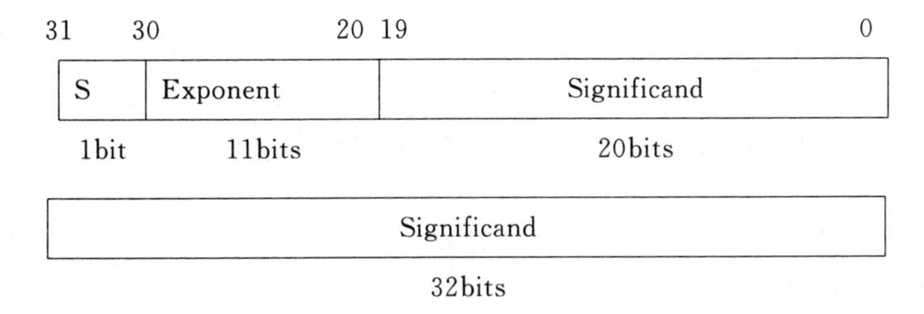


双精度在 C 变量中，用 double 声明，可表示的最小数为 $2.0\times10^{-308}$，最大数为 $2.0\times10^{308}$。其根本的好处是有效位更多，从而精度更高。单精度和双精度是比较常用的，除此之外，还有四精度、八精度、半精度等浮点数。

## 第二节 IEEE 754 浮点数标准

单精度与双精度类似，表示形式为：$+1.\text{xxxxxxxxxx}_{two} * 2^{yyyy}_{two}$

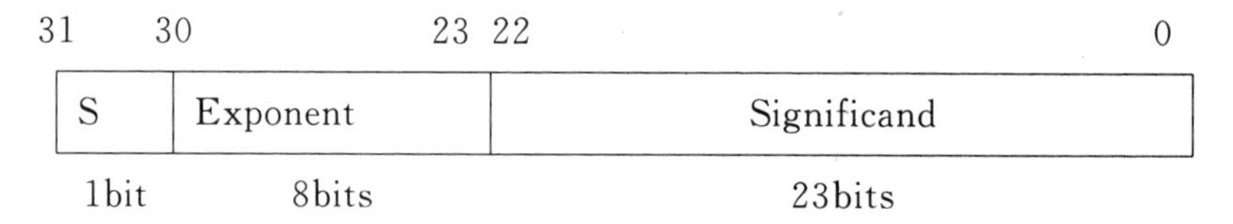


其中，S 表示符号位，1 表示负数，0 表示正数；Significand 表示有效位。如果想多一些有效位，那么就对数进行规范化，令前导 1 缺省，则单精度有 1+23 位，双精度有 1+52 位。对于规范化数恒有：0<Significand<1。

思考：那么 0 怎么表示呢？指数的符号如何表示？指数采用补码表示吗？

指数部分使用偏移表示，即从指数中减去一个常量得到真实的数。IEEE 754 对单精度数使用的偏移值为 127，即真实的指数为 Exponent 字段减去 127 得到。

$(-1)^S \times (1+\text{Significand}) \times 2^{(\text{Exponent}-127)}$

双精度是一样的，只是指数偏移值为 1023（半精度，四精度类似）。

IEEE 754 使用“偏移指数”表示指数的原因是与整数（序）兼容。就同样的位模式来说，大的浮点数对应于大的整数，从而即使没有浮点硬件，也可以使用整数运算，来比较两个浮点数，实现排序，即大指数字段表示大数。例如：011000000ssssss 和 001000000ssssss 谁更大呢？如果用补码就会出问题，因为负数看来更大一些。后面，将看到浮点数的演化顺序和整数是完全一样的，即二进制数从 00…00 到 11…11，对应的浮点数从 0 到+MAX 到−0 到−MAX 到 0。

下面来看个例子，把二进制表示的浮点数转换成十进制：

| 0 | 0110 1000 | 101 0101 0100 0011 0100 0010 |
|---|---|---|

Sign：0（正数）

Exponent：$0110\ 1000_{two}=104_{ten}$；偏移调整 104−127=−23

Significand：$1+1*2^{-1}+0*2^{-2}+1*2^{-3}+0*2^{-4}+1*2^{-5}+0*2^{-6}+1*2^{-7}+0*2^{-8}+1*2^{-9}+0*2^{-10}+0*2^{-11}+0*2^{-12}+0*2^{-13}+1*2^{-14}+1*2^{-15}+0*2^{-16}+1*2^{-17}+0*2^{-18}+0*2^{-19}+0*2^{-20}+0*2^{-21}+1*2^{-22}+0*2^{-23}=1.0+0.666115$

所以这个二进制表示十进制为：$1.666115_{ten}*2^{-23}=1.986*10^{-7}$

接着再来看个例子，把十进制数 $-2.340625*10^1$ 转换成浮点数：

（1）去规范化：−23.40625。

（2）转换整数部分：$23=10111_2$。

（3）转换小数部分：$0.40625=0.01101_2$。

（4）两部分合在一起，并规范化：$10111.01101=1.011101101*2^4$。

（5）转换指数部分：$127+4=10000011_2$。

| 1 | 1000 0011 | 011 1011 0100 0000 0000 0000 |
|---|---|---|

下面再来看看如何理解有效位：

方法一（小数法）：

十进制数：0.340100⇒34010/100010⇒3410/10010

二进制数：0.1102⇒1102/10002＝610/810⇒112/1002＝310/410

好处：少一些数字，更多一些思想；这种方法可以帮助我们更好地理解有效位。

方法二（位置值法）：

该方法是从科学计数法转换而来的。

十进制数：$1.6732=(1\times10^{0})+(6\times10^{-1})+(7\times10^{-2})+(3\times10^{-3})+(2\times10^{-4})$

二进制数：$1.1001=(1\times2^{0})+(1\times2^{-1})+(0\times2^{-2})+(0\times2^{-3})+(1\times2^{-4})$

根据数值距离小数点的位置来解释数值。好处：能更快地求得有效位的值；可以使用该方法转换浮点数。

## 第三节　特殊数的表示法

如何表示 0 呢？是 exponent 全为 0，Significand 全 0 吗？

0 00000000 00000000000000000000000，这是 $1.0*2^{0}=1$ 吗？不是，这是浮点数 0，它是没有前导 1 缺省的。

符号位是什么？每一位都是有效的。

＋0：0 00000000 00000000000000000000000

－0：1 00000000 00000000000000000000000

在浮点数中，非零数除以 0 应该得到±∞，而非溢出。这是为什么呢？因为这样就能用∞做进一步的运算，如 X/0＞Y 可能是一个有意义的比较。IEEE 754 可以表示±∞，最大的正指数保留用于表示∞，有效位全为 0。

目前所定义的单精度数如表 3－2 所示。

表 3－2　单精度数

| 指数 | 有效位 | 目标结果 |
|---|---|---|
| 0 | 0 | 0 |
| 0 | 非 0 | ??? |
| 1－254 | 任意数 | ＋/－ fl. pt. # |
| 255 | 0 | ＋/－∞ |
| 255 | 非 0 | ??? |

那么算式 sqrt（－4.0）or 0/0 的结果是什么呢？如果∞不出错，这些也不该错，因此 IEEE 754 还有一个代表无效运算结果的符号，这个符号是 NaN（Not a Number），表示不是一个数，指数为 255，有效位非零，这有什么用呢？这个标志存在的目的是让程序员能够推迟进行测试及判断的时间，使其在方便的时候进行调试。

如果使用非规范化表示，就会出现一个问题：在 0 附近的浮点数，有一个鸿沟。浮点数可表示的最小正整数为 $a = 1.0\cdots0_2 \times 2^{-126} = 2^{-126}$；浮点数可表示的次小的正整数为 $b = 1.000\cdots1_2 \times 2^{-126} = 2^{-126} + 2^{-149}$，这样在最小数和次小数之间就出现一段鸿沟，如图 3 - 1 所示。

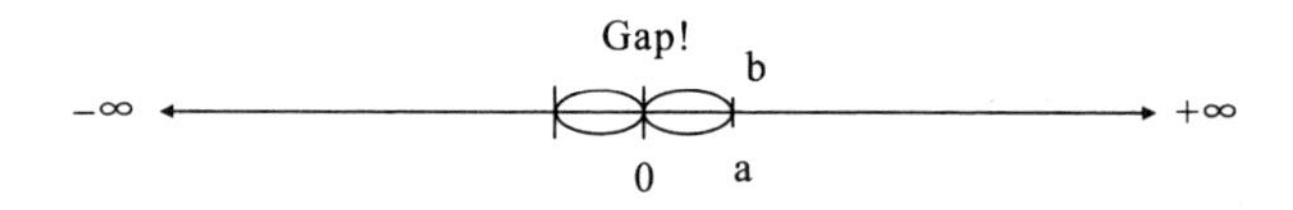


图 3 - 1　最小数和次小数之间的鸿沟

解决方案如下：还未使用指数为 0，有效位非零；非规范化数中无（缺省）前导 1，指定指数 126。因此，可表示的最小正数：$a=2^{-149}=2^{-126}*2^{-23}$（0.000…000 001）；可表示的次小正数：$b=2^{-148}=2^{-126}*2^{-22}$（0.000…000 010）。

浮点数完整表如表 3 - 3 所示。

**表 3 - 3　IEEE754 单精度数编码表**

| 指数 | 有效位 | 目标结果 |
|---|---|---|
| 0 | 0 | 0 |
| 0 | 非 0 | 非规范化数 |
| 1−254 | 任意数 | +/− fl. pt. # |
| 255 | 0 | +/−∞ |
| 255 | 非 0 | NaN |

接着，来看一对易混淆的词。

精度（Precision）：计算机的一个字用于表示数的位数。

精确性（Accuracy）：用于衡量精确值和计算机表示之间的差异。

高精度使高精确性成为可能，但并不保证一定有高精确性。有可能出现高精度，但精确性低。例如：float pi=3.14；pi 可以用 24 位有效位表示，所以称它是高精度的，但仍然是一种近似，所以它仍是不精确的。

当对实数进行数学运算时，需要对结果进行近似，以便能使 significant 字段装下。浮点硬件的精度多取两位，然后最终结果通过近似得到。转换时也会产生近似：双精度转为单精度，或浮点数转为整数。

先来看看十进制浮点数近似的例子。

(1) 近似到+∞，总是向上近似：2.001→3，−2.001→−2。

(2) 近似到−∞，总是向下近似：1.999→1，−1.999→−2。

(3) 截断，去掉最后一位（近似到 0）。

(4) 无偏的（缺省模式），几乎总和通常近似一致：2.4→2，2.6→3，2.5→2，3.5→4。

这种近似方式与之前学的近似差不多，都是近似到最近的整数，但例外的情况是值在边界上，为保证计算的公正性，此时近似到最近的偶数。这样，一半情况会向下近似，一半情况会向上近似，从而平衡了非精确性。

再来看看浮点数加法，它比整数更复杂，不能仅加有效位，那么该如何做呢？下面是进行浮点数加法的步骤：

（1）匹配指数，使其一致（去规范化）。

（2）有效位相加。

（3）指数不变。

（4）规范化（可能需要改变指数）。

注意：如果符号不同，则做减法。

通过例子 1+1024，来进一步理解浮点数的加法：

表示：$1=1.0*2^{0}$

| 0 | 0111 1111 | 000 0000 0000 0000 0000 0000 |
|---|---|---|

$1024=1.0*2^{10}$

| 0 | 1000 1001 | 000 0000 0000 0000 0000 0000 |
|---|---|---|

有效位：指数以什么为标准？$2^{10}$还是 $2^{0}$？

| 0 | 0000 0001 | 000 0000 0000 0000 0000 0000 |
|---|---|---|

以 $2^{10}$ 为标准，$1.0*2^{0}$ 整数位的 1 向右移动 10 位：

| 0 | 0000 0000 | 000 0000 0010 0000 0000 0000 |
|---|---|---|

以 $2^{0}$ 为标准，$1.0*2^{10}$ 整数位的 1 向左移动 10 位：

| 10 | 0 | 0000 0000 | 000 0000 0000 0000 0000 0000 |
|---|---|---|---|

## 第四节　MIPS 浮点数结构

MIPS 有一些用于浮点运算的专门指令：单精度（add. s；sub. s；mul. s；div. s），双精度（add. d；sub. d；mul. d；div. d）。和整数的相应指令相比，浮点运算指令复杂很多，需要专门的软件，而且通常会耗费更多的计算时间。存在的问题是：不同的指令，如果运行时间差异极大，则效率低下；为了实现浮点数快速计算，与整数相比需要更多的硬件。但实际情况是：一般程序中的某些数据不会从浮点数转换成整数，也不会从整数转换成浮点数，因此对这些数据只需使用一种类型的指令；有些程序不涉及浮点运算。

20 世纪 90 年代解决方案：做一个完全独立的仅处理浮点数的硬件。这个用于处理浮点数的芯片称为协处理器 1。它包含 32 个 32 位寄存器：$f0，$f1，…；在 . s 和 . d 指令中指定的寄存器就是这些寄存器；MIPS 的浮点 load 指令缩写为 lwc1 是因为 lwc1 的含义是往协处理器 1 中装入一个字（load word coprocessor 1），即浮点单元。双精度浮点数必须存放在一对编号连续的浮点寄存器中，习惯上，偶/奇对包含一个双精度浮点数：$f0/$f1，$f2/$f3，…，$f30/$f31。

20 世纪 90 年代计算机包含多个独立芯片，处理器仅处理所有通常的事情，协处理器 1 仅处理浮点运算，并且还存在更多的协处理器。但现在微处理器早将浮点运算单元集成到了芯片中，几乎所有的功能部件都集成进去了。所以廉价的芯片可能没有浮点硬件，只有在主处理器和协处理器间移动数据的指令：mfc0，mtc0，mfc1，mtc1 等。

# 第四章　程序的运行

运行一个程序执行步骤包括：编译 Compiler；汇编 Assembler；链接 Linker；装入程序 Loader。如图 4-1 所示。

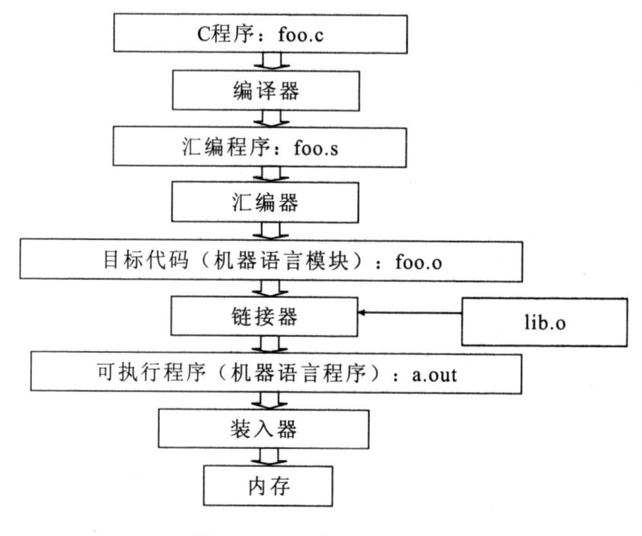


图 4-1　程序运行的步骤

编译器把单个高级语言文件转换成单个汇编语言文件。

汇编器把伪指令转换成机器语言能执行的真指令，然后生成一张用于链接的表（重定位表）。这一步把每个 .s 文件转换成 .o 文件；通过两次扫描确定地址，来处理内部前向引用。

链接器把多个 .o 文件合成一个库文件，并确定绝对地址；这使分离编译成为可能，库函数不必编译，然后确定余下的地址。

装入器将可执行文件装入到内存中，并开始执行。

## 第一节　解释和翻译

下面先来看个实例，解释程序：

解释器（Interpreter）是一个执行其他程序的程序。

Scheme　　　　Java bytecode

Java

C++　　　C　　　Assembly　　　Machine language

←————————————————————————→

写程序容易　　　　执行（解释）效率高

执行（解释）效率不高　　　　写程序困难

另外一种做法：语言翻译。对于要解决的问题，运行速度（效率）不重要时，对高级语言进行解释；否则翻译成一种低级语言。

运行高级语言编写程序的方式有两种：一种是解释，直接执行源（高级）语言编写的程序；一种是翻译，将源（高级）语言编写的程序转换成另一种（低级）语言编写的功能等价的程序。

例如，运行 C 语言编写的程序 foo. c。

一种方式是解释（C 解释器就是一个程序，它读入 C 程序，并执行该 C 程序）(图 4－2)：

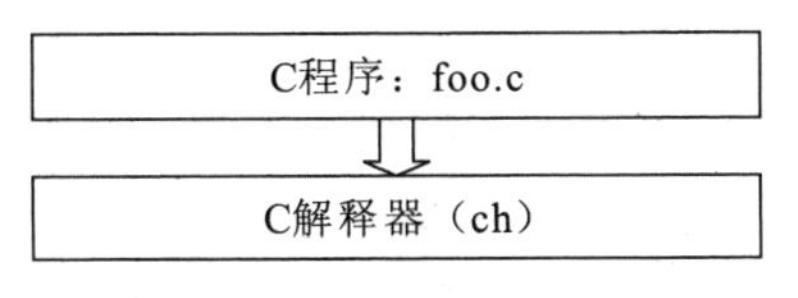


图 4－2　C 解释器

另一种方式是翻译（C 编译器将 C 语言翻译成机器语言，处理器具体解释机器语言的意义，即执行）(图 4－3)：

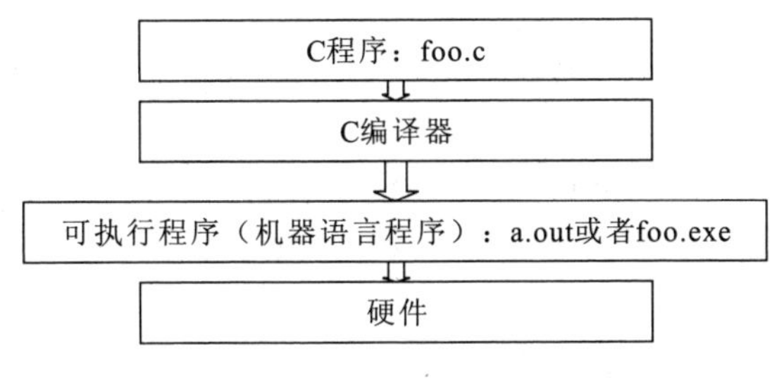


图 4－3　C 编译器

用软件解释机器语言，也就是模拟器仿真，比如 MARS 对于学习/调试是有用的。在苹果更新 Macintosh 产品线，产品配置的处理器从 Motorola680x0 系列处理器（CISC）更换为 PowerPC 系列处理器（RISC）。苹果的系统软件经过调整，能让大部分为旧处理器编写的程序在 PowerPC 系列上以模拟模式运行。现在 x86 面临类似的转换，可能需要将所有的程序重新从高级语言翻译一遍。替代方案：执行程序中既有旧指令，也有新指令，必要时，用软件来解释旧指令（仿真）。通常编写解释器较容易：解释器与高级语言更接近，因此可以给出更好的错误信息（例如，MARS)。翻译器的作用是添加附加的信息来辅助调试（如行号、名字)，解释器更慢（10 倍)，但代码更小（1. 5X 到 2X)，解释器提供了指令集独立性，可以在任何机器上运行。

例如：Apple 转换成 PowerPC，不是重新转换所有的软件，而是让可执行程序既包含旧指令也包含新指令，必要时用软件来解释旧指令。

翻译/编译后的代码通常更高效，因此有更好的性能。对于一些应用，这样做非常必要，特别是操作系统。翻译/编译有助于“隐藏”程序的“源码”：创造市场价值的一种模式（如微软 Microsoft 的所有源代码都是保密的)；创造市场价值的另一模式：开放源码“open source”，通过公布源代码来创造价值，从而繁荣开发社区。

例如 Linux 是一种自由和开放源码的类 Unix 操作系统，存在着许多不同的 Linux 版本，但它们都使用了 Linux 内核。Linux 可安装在各种计算机硬件设备中，比如手机、平板电脑、路由器、视频游戏控制台、台式计算机、大型机和超级计算机。Linux 是一个领先的操作系统，世界上运算最快的 10 台超级计算机运行的都是 Linux 操作系统。

而 Android 是一种基于 Linux 的自由及开放源代码的操作系统，主要适用于便携设备，如智能手机和平板电脑。Android 平台首先就是其开发性，开发的平台允许任何移动终端厂商加入到 Android 联盟中来。显著的开放性可以使其拥有更多的开发者，随着用户和应用的日益丰富，一个崭新的平台也将很快走向成熟。

开发性对于 Android 的发展而言，有利于积累人气。这里的人气包括消费者和厂商，而对于消费者来讲，最大的受益正是丰富的软件资源。开放的平台也会带来更大竞争，如此一来，消费者将可以用更低的价位购得心仪的手机。

编译器的作用是：输入高级语言代码（如 C，Java 和 foo. c），输出汇编语言代码（如 foo. s 的 MIPS 文件）。

注：输出可能包含伪指令。伪指令是指汇编器能理解，但机器不能理解的指令，例如：mov $s1，$s2 or $s1，$s2，$zero。

## 第二节　汇编器

汇编器的作用是：输入汇编语言代码（如 foo. s 的 MIPS 文件），输出目标代码、信息表（如 foo. o 的 MIPS 代码）。它的步骤是：读入并使用指示器（Directives）；替代伪指令；生成机器语言；生成目标文件。

下面是汇编器给出的一些指示，但不产生机器指令。

. text：其后的内容放在用户代码（文本）段（机器码）。

. data：其后的内容放在用户数据段（源文件中用二进制表示的数据）。

. global sym：声明 sym 为全局，且能通过其他文件来引用。

. asciiz str：将字符串 str 存储在内存中，并用"\0"来结束它。

. word w1... wn：在连续的内存字中存储 $n$ 个 32 位量。

汇编器能将常用机器语言指令的变种当成真（real）指令一样处理，下面就是由伪指令转化成真正指令对应的代码：

```
Pseudo:                          Real:
    subu  $sp, $sp, 32             addiu  $sp, $sp, -32
    sd    $a0, 32($sp)             sw     $a0, 32($sp)
                                   sw     $a1, 36($sp)
    mul   $t7, $t6, $t5            mul    $t6, $t5
                                   mflo   $t7
    addu  $t0, $t6, 1              addiu  $t0, $t6, 1
    ble   $t0, 100, loop           slti   $at, $t0, 101
                                   bne    $at, $0, loop
    la    $a0, str                 lui    $at, left(str)
                                   ori    $a0, $at, right(str)
```

产生机器语言简单情形有算术、逻辑、移位等，所有必要的信息都在指令中了。那么分支怎么办？采用相对PC寻址，在用真实指令代替伪指令后，就知道需要分支多少条指令，故能处理。下面出现一种“前向引用”的问题，即分支指令会引用程序中“前面”（还未遇到）的标记：

```
        or      $v0, $0, $0
L1:     slt     $t0, $0, $a1
        beq     $t0, $0, L2
        addi    $a1, $a1, -1
        j       L1
L2:     add     $t1, $a0, $a1
```

如果遇到这种情况，就采用对程序进行两次扫描的方式来解决，第一次扫描记住标记labels的位置，第二次扫描使用标记位置来产生代码。

接着，跳转指令（j和jal）怎么办呢？跳转需要绝对地址，因此无论向前与否，由于不知道指令在内存中的位置，仍然无法产生机器码。还有，引用数据怎么办呢？la分解为lui和ori两个指令，这些需要数据的32位完整地址，但这些现在还不能确定。因此产生两张表。

（1）符号表。该文件中拥有的“元素项”列表，这些项可能被其他文件所使用。它的内容包括标号（用于函数调用）和数据（在.data段的各种内容，可在多个文件间访问的变量）。

（2）重定位表。该文件所需要的“元素项”的地址列表。它的内容包括跳转到的标号（j或jal，包括内部的和外部的，也包含lib文件）和任意数据（如la指令所需要的数据标号）。

下面是目标文件的格式，包括：目标文件头（定义目标文件其他各部分的大小和位置）、代码段（机器码）、数据段（文件中数据的二进制表示）、重定位信息（标明需要“处理”的代码行）、符号表（文件中可以被引用的标号和数据的列表）、调试信息。

## 第三节　链接器

链接器的作用是：输入目标代码文件、信息表（如foo.o，libc.o的MIPS文件），输出可执行程序（如a.out的MIPS文件），最后合并多个目标（.o）文件成为单个可执行文件。它使得多个文件的分离编译成为可能，修改一个文件，不必重新编译整个程序。下面就是链接器执行的步骤：

（1）从每个.o文件取出代码段，并把他们放在一起。

（2）从每个.o文件中取出数据段，并把他们放在一起，然后整体连到代码段的尾部。

（3）确定引用：检查重定向表，并处理每个表项，即填充所有绝对地址。

这里需要讨论4类地址：PC相对寻址（beq，bne），不重定位；绝对地址（j，jal），总是重定位；外部引用（通常用jal），总是重定位；数据引用（通常使用lui和ori），总是重定位。

然后再来看看确定引用和定位引用。确定引用是，链接器假定，首代码段的首字地址为：0x00000000；链接器知道每个代码和数据段的长度和代码段、数据段的顺序；链接器计算将要跳转的每个标号（内部或者外部的）以及每个被引用的数据的绝对地址。为了定位引用，在所有"用户"符号表中，查找引用（数据或标号），如果没有找到，查找库文件（如 printf），一旦确定绝对地址，填充合适的机器代码；链接的输出包含代码和数据的可执行文件（另外还有文件头）。

下面来考虑一个常见的名词——库，它是指目标文件，包括大公司提供的一些常用函数。所谓传统方式是指"静态链接"，即：库文件是执行文件的一部分，因此如果库升级了，执行文件还是老的（如果也要升级必须重新编译源程序）；执行程序将包含所用到的完整库文件，即使只使用该库中的几个函数；执行程序自成一套完整体系。

一种替代方案是动态链接库（DLL），这在 Windows 和 Unix 平台上很普遍。虽然这增加了编译器、链接器及操作系统的复杂性，但提供了许多好处：在时/空问题上，存储程序所用磁盘空间更少；发送程序所花时间更少；执行两个程序所需内存更少（如果他们共享同一库）；在升级问题上，替换一个文件（libXYZ. so）即可升级所有用到该库文件"XYZ"的程序。

动态链接使用多个程序机器代码的"最小公因子"，这是其最大的优点。链接器不知道（当然也没办法使用）程序或者库文件如何编译的任何信息（即何种编译器或者语言）。这可以描述成"在机器代码级执行链接"，但这不是唯一的方式。

## 第四节　装入器

装入器的作用是：输入执行代码（如 a. out 的 MIPS 文件），输出正在运行的程序，可执行文件存储在磁盘上。运行时，装入器的工作是将程序装入到内存中，然后开始运行。在现实中，装入器是操作系统的一部分，装入是操作系统的任务之一。

装入器所做的工作是，读入执行文件头，确定代码段和数据段的大小；为执行程序申请足够大的地址空间，来存放代码段和数据段，以及栈空间；将指令和数据从可执行文件复制到新的地址空间。装入器将传入程序的参数复制到程序的栈中；初始化机器寄存器，清除大多数寄存器，将栈指针指到第一个未用的栈空间；跳转到 start - up 程序，该程序从栈中复制程序的参数到寄存器，并设置 PC，当主程序返回时，start - up 程序使用 exit 系统调用终止程序。

## 第五节　综合例子

下面是一个 C 程序源码：prog. c

```
#include 〈stdio. h〉
int main (int argc, char * argv []) {
    int i, sum=0;
    for (i=0; i<=100; i++)
    sum=sum+i * i;
    printf (" The sum from 0 .. 100 is %d \ n", sum);
```

```
}
```

其中，“printf”在“libc”中。

然后进行编译：MAL

```
.text
    .align  2
    .globl  main
main:
    subu    $sp, $sp, 32
    sw      $ra, 20 ($sp)
    sd      $a0, 12 ($sp)
    sw      $0, 24 ($sp)
    sw      $0, 28 ($sp)
loop:
    lw      $t6, 28 ($sp)
    mul     $t7, $t6, $t6
    lw      $t8, 24 ($sp)
    addu    $t9, $t8, $t7
    sw      $t9, 24 ($sp)
    addu    $t0, $t6, 1
    sw      $t0, 28 ($sp)
    ble     $t0, 100, loop
    la      $a0, str
    lw      $a1, 24 ($sp)
    jal     printf
    move    $v0, $0
    lw      $ra, 20 ($sp)
    addiu   $sp, $sp, 32
    jr      $ra
    .data
    .align  0
str:
    .asciiz" The sum from 0 .. 100 is %d \ n"
```

其中，带有下划线的 7 条指令是伪指令。

汇编第一步，替换伪指令，指定地址：

```
00  addiu   $29, $29, -32
04  sw      $31, 20 ($29)
08  sw      $4, 12 ($29)
0c  sw      $5, 16 ($29)
10  sw      $0, 24 ($29)
```

```
14  sw     $0, 28 ($29)
18  lw     $14, 28 ($29)
1c  multu  $14, $14
20  mflo   $15
24  lw     $24, 24 ($29)
28  addu   $25, $24, $15
2c  sw     $25, 24 ($29)
30  addiu  $8, $14, 1
34  sw     $8, 28 ($29)
38  slti   $1, $8, 101
3c  bne    $1, $0, loop
40  lui    $4, l.str
44  ori    $4, $4, r.str
48  lw     $5, 24 ($29)
4c  jal    printf
50  add    $2, $0, $0
54  lw     $31, 20 ($29)
58  addiu  $29, $29, 32
5c  jr     $31
```

汇编第二步，产生重定位表和符号表：

符号表：

| 标号 | 地址（在模块内的） | 类型 |
|---|---|---|
| main: | 0x00000000 | global text |
| loop: | 0x00000018 | local text |
| str: | 0x00000000 | local data |

重定位表：

| 地址 | 指令类型 | 所需要的值 |
|---|---|---|
| 0x00000040 | lui | l.str |
| 0x00000044 | ori | r.str |
| 0x0000004c | jal | printf |

汇编第三步，确定局部的 PC 相对寻址的标号：

```
00  addiu  $29, $29, -32
04  sw     $31, 20 ($29)
08  sw     $4, 12 ($29)
0c  sw     $5, 16 ($29)
10  sw     $0, 24 ($29)
14  sw     $0, 28 ($29)
18  lw     $14, 28 ($29)
1c  multu  $14, $14
```

```
20   mflo    $15
24   lw      $24, 24 ($29)
28   addu    $25, $24, $15
2c   sw      $25, 24 ($29)
30   addiu   $8, $14, 1
34   sw      $8, 28 ($29)
38   slti    $1, $8, 101
3c   bne     $1, $0, -10
40   lui     $4, l.str
44   ori     $4, $4, r.str
48   lw      $5, 24 ($29)
4c   jal     printf
50   add     $2, $0, $0
54   lw      $31, 20 ($29)
58   addiu   $29, $29, 32
5c   jr      $31
```

汇编第四步，产生目标（.o）文件：

输出二进制表示；代码段（指令）；数据段（数据）；符号表和重定位表。对于未解析的绝对地址和外部引用，填充 0 把“位置”占着。目标文件中的代码段，如下：

```
0x000000    00100111101111011111111111100000
0x000004    10101111101111110000000000010100
0x000008    10101111101001000000000000001100
0x00000c    10101111101001010000000000010000
0x000010    10101111101000000000000000011000
0x000014    10101111101000000000000000011100
0x000018    10001111101011100000000000011100
0x00001c    10001111101110000000000000011000
0x000020    00000001110011100000000000011001
0x000024    00100101110010000000000000000001
0x000028    00101001000000010000000001100101
0x00002c    10101111101010000000000000011100
0x000030    00000000000000000111100000010010
0x000034    00000011000011111100100000100001
0x000038    00010100001000001111111111110111
0x00003c    10101111101110010000000000011000
0x000040    00111100000001000000000000000000
0x000044    10001111101001010000000000000000
0x000048    00001100000100000000000011101100
0x00004c    00100100000000000000000000000000
```

```
0x000050      10001111101111110000000000010100
0x000054      00100111101111010000000000100000
0x000058      00000011111000000000000000001000
0x00005c      00000000000000000001000000100001
```

链接第一步，合并 prog. o，libc. o：

融合代码/数据段；生成绝对内存地址；修改并融合符号表和重定位表；符号表如下：

```
符号          地址
main:     0x00000000
loop:     0x00000018
str:      0x10000430
printf:   0x00000cb0 …
```

重定位信息如下：

```
    地址          指令类型      所需要的符号
0x00000040          lui          l. str
0x00000044          ori          r. str
0x0000004c          jal          printf …
```

链接第二步，重新在新表中编辑地址：

```
00 addiu    $29, $29, -32
04 sw       $31, 20 ($29)
08 sw       $4, 32 ($29)
0c sw       $5, 36 ($29)
10 sw       $0, 24 ($29)
14 sw       $0, 28 ($29)
18 lw       $14, 28 ($29)
1c multu    $14, $14
20 mflo     $15
24 lw       $24, 24 ($29)
28 addu     $25, $24, $15
2c sw       $25, 24 ($29)
30 addiu    $8, $14, 1
34 sw       $8, 28 ($29)
38 slti     $1, $8, 101
3c bne      $1, $0, -10
40 lui      $4, 4096
44 ori      $4, $4, 1072
48 lw       $5, 24 ($29)
4c jal      812
50 add      $2, $0, $0
54 lw       $31, 20 ($29)
```

```
58 addiu      $29, $29, 32
5c jr         $31
```

目标文件中的代码段，如下：

```
0x000000    00100111101111011111111111100000
0x000004    10101111101111110000000000010100
0x000008    10101111101001000000000000100000
0x00000c    10101111101001010000000000100100
0x000010    10101111101000000000000000011000
0x000014    10101111101000000000000000011100
0x000018    10001111101011100000000000011100
0x00001c    10001111101110000000000000011000
0x000020    00000001110011100000000000011001
0x000024    00100101110010000000000000000001
0x000028    00101001000000010000000001100101
0x00002c    10101111101010000000000000011100
0x000030    00000000000000000111100000010010
0x000034    00000011000011111100100000100001
0x000038    00010100001000001111111111110111
0x00003c    10101111101110010000000000011000
0x000040    00111100000001000001000000000000
0x000044    10001111101001010000010000110000
0x000048    00001100000100000000000011101100
0x00004c    00100100000000000000001100101100
0x000050    10001111101111110000000000010100
0x000054    00100111101111010000000000100000
0x000058    00000011111000000000000000001000
0x00005c    00000000000000000001000000100001
```

链接第三步，输出融合后的执行程序：

包括单代码（指令）段、单数据段、文件头中有各段大小的信息。

注：前面给出的例子是 ELF 和其他标准格式如何工作的简化版，目的是为了演示基本工作原理。

# 第五章　电路基础与基本计算模块

## 第一节　同步数字系统

我们知道程序要经过编译、汇编、链接和下载，最后才能运行。那么什么是编译、汇编、链接呢？要想解决这个问题，先要知道软件与硬件是怎么链接的，这就必须要协调多层抽象，如图 5-1 所示。

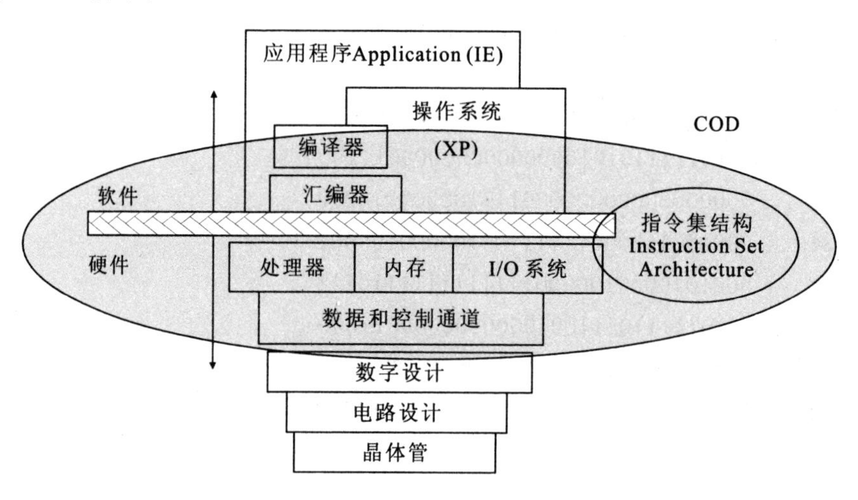


图 5-1　协调多层抽象

其中，ISA 是一个重要的抽象层，是硬件与软件之间的协议。

看看这个例子（图 5-2）：

高级语言程序（C）

```
swap (int v [], int k) {
    int temp;
    temp = v [k];
    v [k] = v [k+1];
    v [k+1] = temp;
}
```

汇编语言程序（MIPS）

```
swap: sll   $2, $5, 2
      add   $2, $4, $2
      lw    $15, 0 ($2)
      lw    $16, 4 ($2)
```

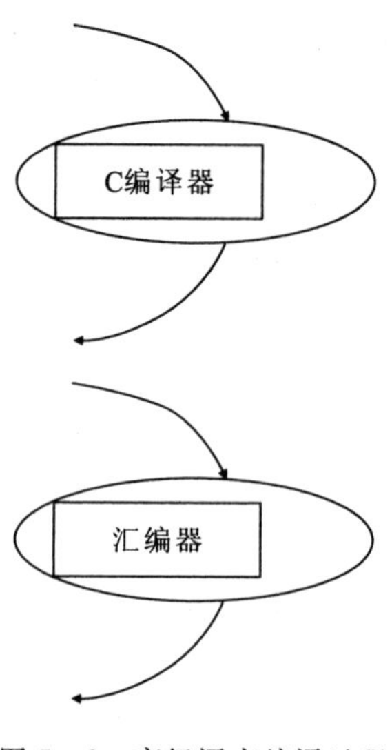


图 5-2　高级语言编译过程

```
sw      $16, 0 ($2)
sw      $15, 4 ($2)
jr      $31
```

机器代码（MIPS）

000000 00000 00101 0001000010000000

000000 00100 00010 0001000000100000…

处理器硬件（如 MIPS）就是一种同步数字系统的实例。同步是指所有的操作都由一个中央时钟同步；数字是指所有的值都用离散值来表示，“电信号”按 1 和 0 来处理，并且组合在一起形成字。

我们将以最基本的元素为基础，来学习现代处理器是如何一层层地构建出来的。通过学习硬件设计，可以理解通用硬件，特别是处理器的能力和限制，处理器做什么事可以快一些，做什么快不起来，为进一步自学提供必要的基础，了解用处理器能完成的工作，而在碰到不能做的，工作时，可以自己设计专用硬件来完成。

处理器芯片中有很多引脚，大部分用于连接外部存储器（内存 DRAM）和系统总线（连接磁盘和外设），还有很多与电源相连（VDD/GND）。

芯片是由晶体管和导线组成的，晶体管组合起来，产生有用的结构块，然后块分层组织，一层一层地构建出更高级的块，如加法器。晶体管有两种类型（图 5－3）：n－type NMOSFET 和 p－type PMOSFET。对于 n－type（p－type 相反），如果在门 G 中没有电流流过，晶体管“关断（cut－off）”，漏极 D—源极 S 未导通；如果门中有电流流过，晶体管“导通”，且漏极 D 和源极 S 连通。晶体管如图 5－4 所示。

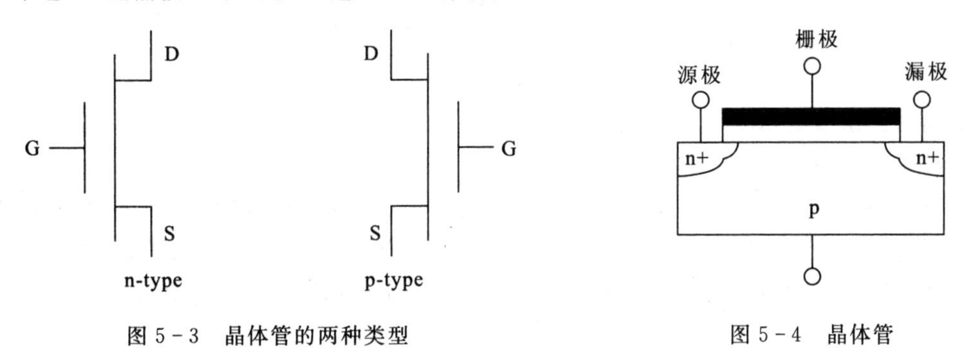


图 5－3　晶体管的两种类型　　　　图 5－4　晶体管

## 第二节　信号与波形

时钟信号是指有固定周期并与运行无关的信号量，在极短时间内的波形图像，如图 5－5 所示：

它分布在处理器芯片的各个部分，具有同步所有活动的功能，典型频率为 1GHz，波形是随着时钟信号变化的一系列过程，如图 5－6 所示的 $b_0$和 $b_1$。

波形信号绝大多数时间在高/低电平（0/1），变化与时钟信号同步，时钟控制信号何时获得新值。

同步数字系统（Synchronous Digital Systems）由两种基本电路组成：组合逻辑电路（Combinational Logic Circuit）和状态电路（State Element）。

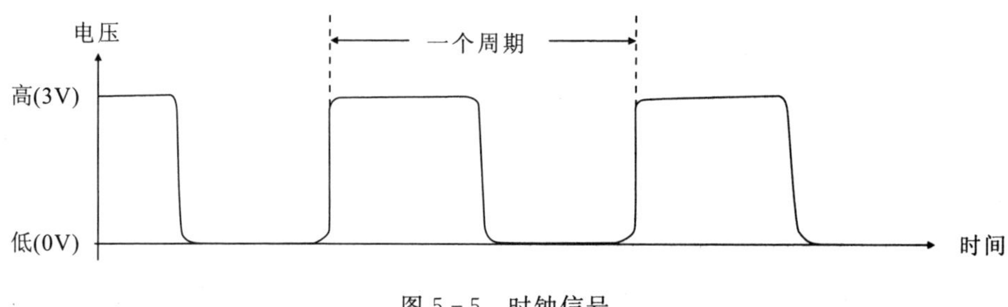


图 5-5 时钟信号

组合逻辑电路在逻辑功能上的特点是任意时刻的输出仅仅取决于该时刻的输入，与电路原来的状态无关。例如前面的加法电路，输出仅为输入的函数，与数学上的函数相似，无法在两次调用之间存储信息，如 $y=f(x)$，$x$ 改变，$y$ 会立即改变（在短暂的延时之后）。

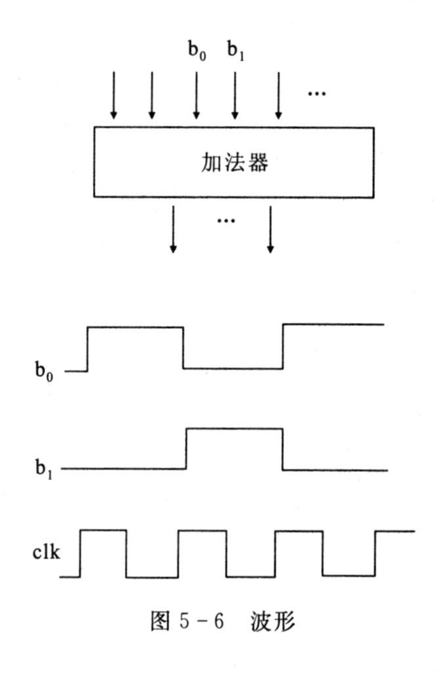


图 5-6 波形

状态电路是存储信息的电路，例如寄存器、内存，在“load”信号的控制下，寄存器捕获输入值，并立即存储，寄存器中存储的值延时一会儿后出现在输出端，在下次“load”信号前，输入线上的变化将无效（这与组合逻辑不同，在组合逻辑中输入的变化将立即反映到输出），这些用于短时存储（如寄存器文件），实现数据在处理器之间的转移，如图 5-7 所示。

真值表是给出组合逻辑块函数的精确定义，每行对应于一种可能的输入组合，对所有组合逻辑电路都是可行的。但实践中，仅对有限个输入有用。真值表是用来表征逻辑事件输入和输出之间全部可能状态的表格，列出命题公式真假值的表。通常以 1 表示真，0 表示假。命题公式的取值由组成命题公式的命题变元的取值和命题联结词决定，命题联结词的真值表给出了真假值的算法。图 5-8 的真值表如表 5-1 所示。

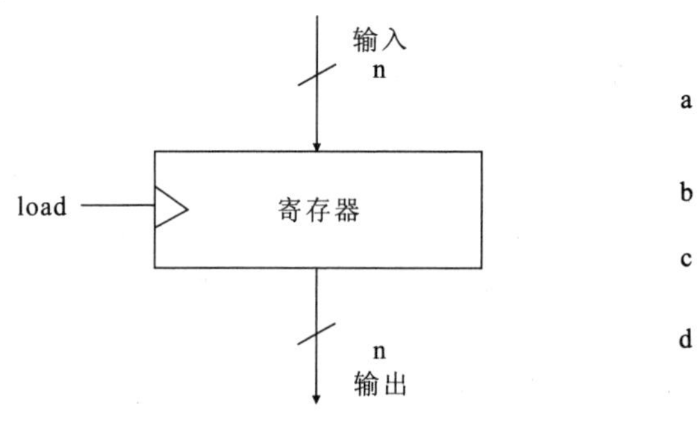


图 5-7 寄存器原理图

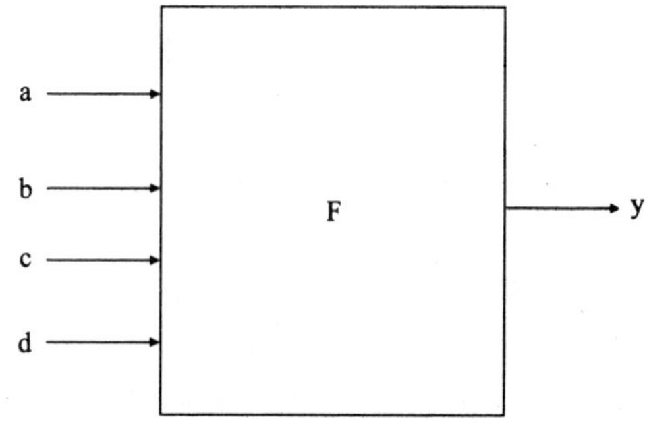


图 5-8 组合逻辑块

表 5-1　图 5-8 的真值表

| a | b | c | d | y |
|---|---|---|---|---|
| 0 | 0 | 0 | 0 | F (0, 0, 0, 0) |
| 0 | 0 | 0 | 1 | F (0, 0, 0, 1) |
| 0 | 0 | 1 | 0 | F (0, 0, 1, 0) |
| 0 | 0 | 1 | 1 | F (0, 0, 1, 1) |
| 0 | 1 | 0 | 0 | F (0, 1, 0, 0) |
| 0 | 1 | 0 | 1 | F (0, 1, 0, 1) |
| 0 | 1 | 1 | 0 | F (0, 1, 1, 0) |
| 0 | 1 | 1 | 1 | F (0, 1, 1, 1) |
| 1 | 0 | 0 | 0 | F (1, 0, 0, 0) |
| 1 | 0 | 0 | 1 | F (1, 0, 0, 1) |
| 1 | 0 | 1 | 0 | F (1, 0, 1, 0) |
| 1 | 0 | 1 | 1 | F (1, 0, 1, 1) |
| 1 | 1 | 0 | 0 | F (1, 1, 0, 0) |
| 1 | 1 | 0 | 1 | F (1, 1, 0, 1) |
| 1 | 1 | 1 | 0 | F (1, 1, 1, 0) |
| 1 | 1 | 1 | 1 | F (1, 1, 1, 1) |

## 第三节　状态单元

状态单元是用于存储数值的，其存储时间不定，用来控制组合逻辑块间的信息流动，并保存组合逻辑块的输入端流动的信息，以允许其有序地经过。那么为何需要控制信息流动呢？以累加器来说明这个问题。

首先假定每个 X 值逐个地输入，每周期一个，n 周期之后，和出现在 S 端。也就是希望：

$X_i$ → SUM → S

```
S=0;
for (i=0; i<n; i++)
    S=S + Xi;
```

累加器的设计，如果没有存储单元，那么就如图 5-9 所示。

但是此设计不能工作。一方面，不能控制 for 循环的下一次迭代；另一方面，无法表达 S=0。因此累加器的设计需要存储单元，设计的形式如图 5-10 所示。

S 随着 X 的输入变化，如图 5-11 所示。

这样用寄存器来保存加法器的结果，就可以实现下一次相加。

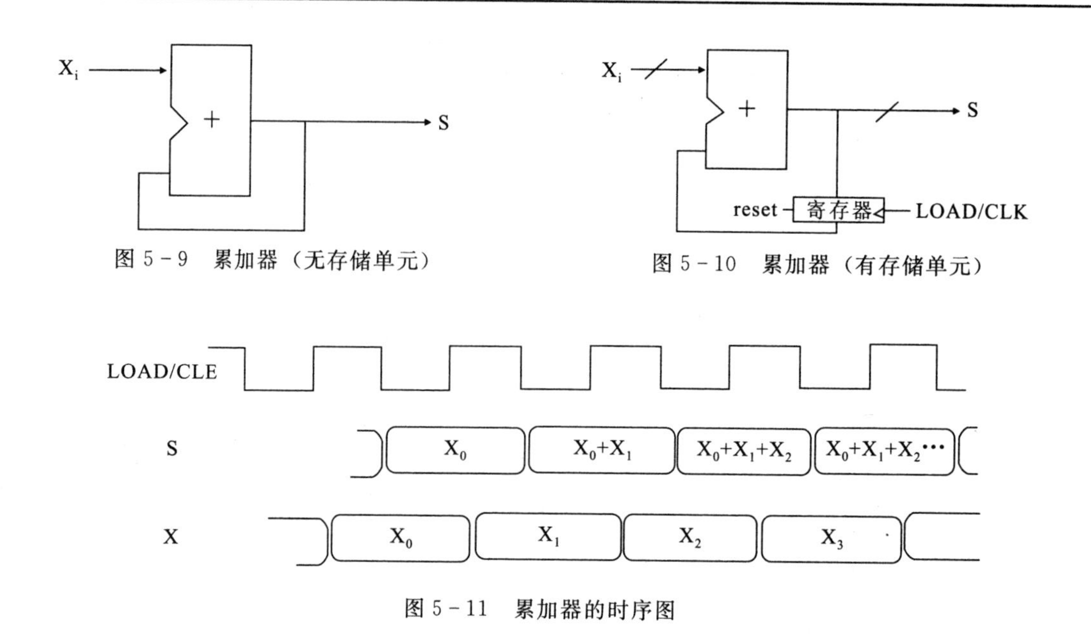

图 5－9　累加器（无存储单元）　　图 5－10　累加器（有存储单元）

图 5－11　累加器的时序图

## 一、寄存器的内部结构

存储器一般由多个翻转器（值在 0 和 1 间变换）组成，D 触发器的结构如图 5－12 所示，其中 d 是输入数据（data），q 是输出（output）。

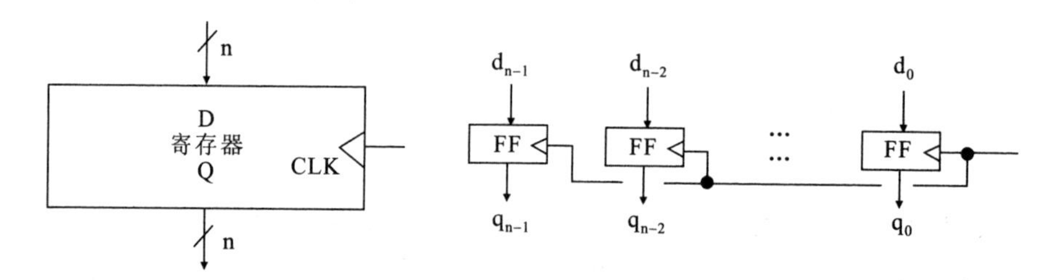

图 5－12　D 触发器的结构

D 触发器是正边沿触发，即在时钟信号的上升沿，获得 d 的样值，并传给输出。其他时刻，输入的 d 值被忽略，波形如图 5－13 所示。

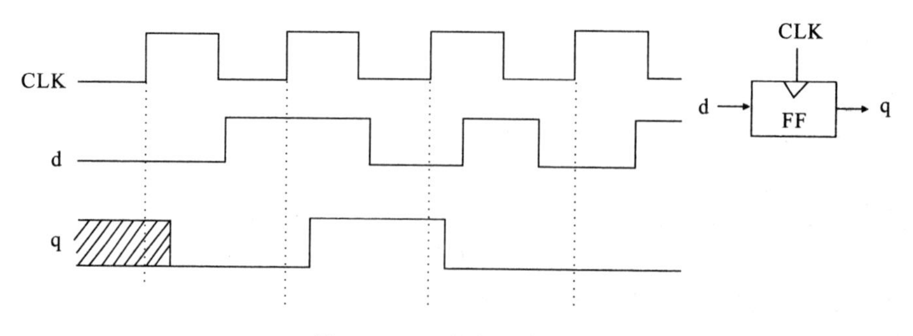

图 5－13　D 触发器波形图

可以通过增加寄存器来加速时钟频率，下面以累加器为例，如图 5－14 所示。

其中，reset 表示强制寄存器清零；$S_{i-1}$ 表示上一次的结果循环从寄存器的输出开始，$X_i$ 不总是和 $S_{i-1}$ 同时到达；$S_i$ 的瞬间值是不正确的，但寄存器的值是正确的。此外还可以在累加器中增加寄存器，图 5－15 和图 5－16 进行了对比。

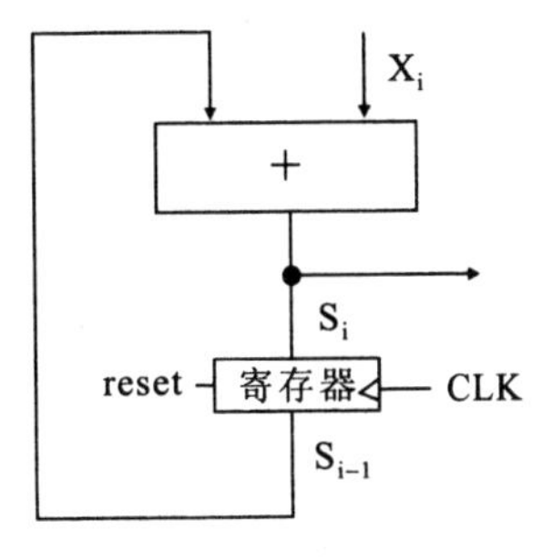

图 5－14　累加器

## 二、有限状态机

有限状态机的功能可以用“状态变换图”表示，如图 5－17 所示，可以用组合逻辑和寄存器等硬件实现。比如：检测输出端连续出现 3 个 1 的有限状态机。

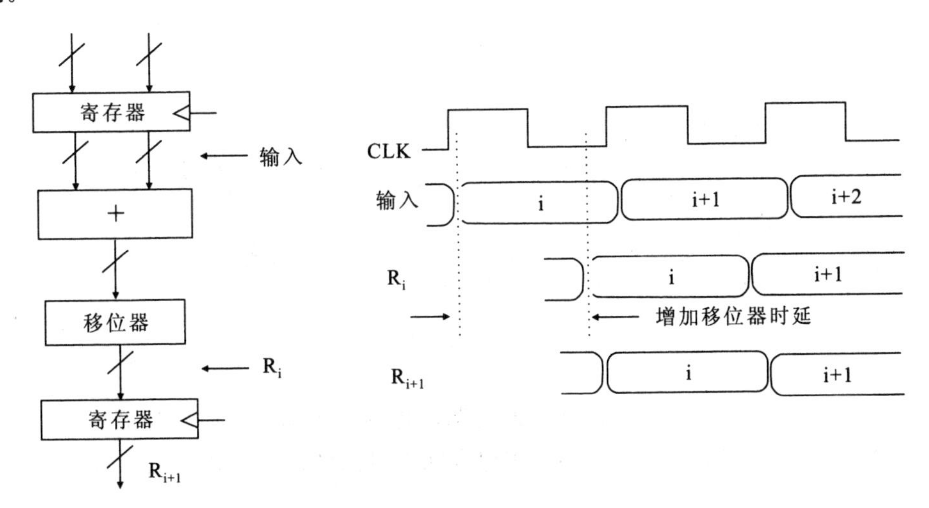

图 5－15　未增加寄存器

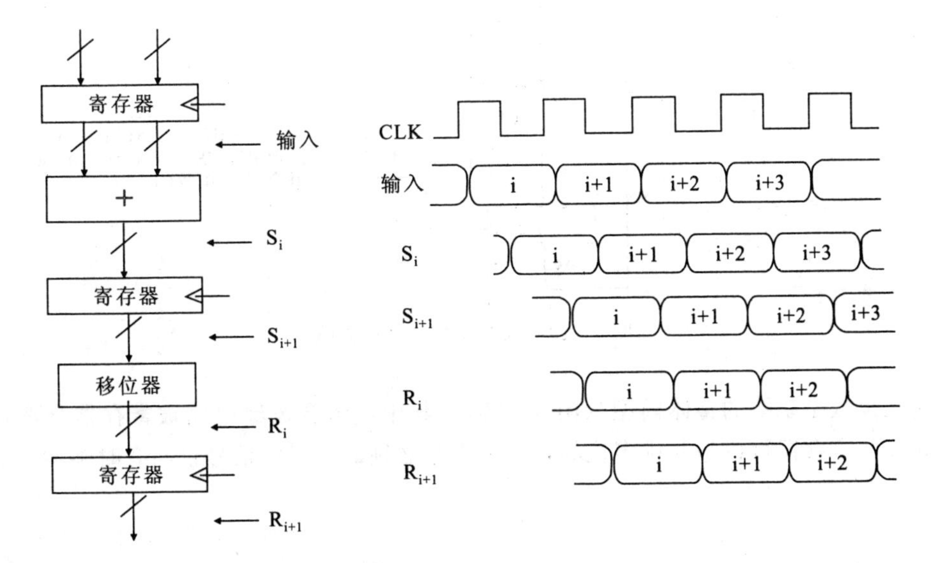

图 5－16　增加寄存器

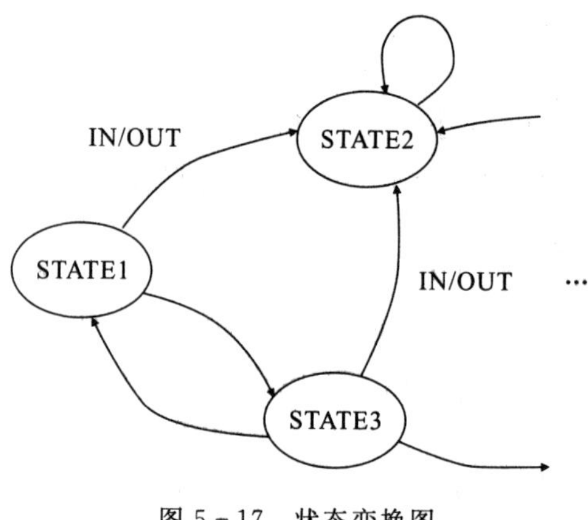


图 5－17　状态变换图

相应的 FSM 图如图 5－18 所示。

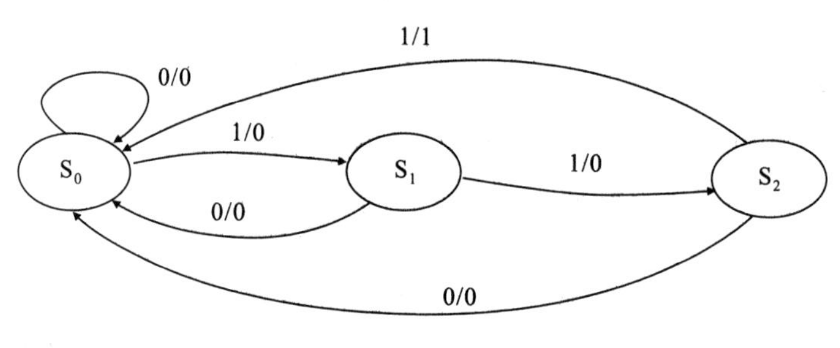


图 5－18　FSM 图

假定状态变换由时钟控制，在每个时钟周期，机器检查输入，并转换到一个新的状态，且产生新的输出。这显然需要一个寄存器来保存状态机的状态，可用一位记录，如图 5－19 所示。

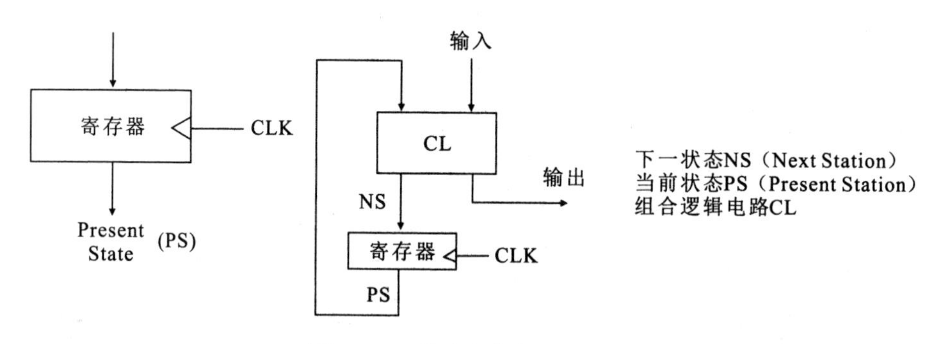


图 5－19　状态变换与寄存器图

通过同步数字系统的整体模型（图 5－20）。其中，组合逻辑电路被寄存器分离，组合逻辑电路以及寄存器可以是并排多位的，反馈不是必须的，时钟信号仅与有时钟输入的寄存器相连。

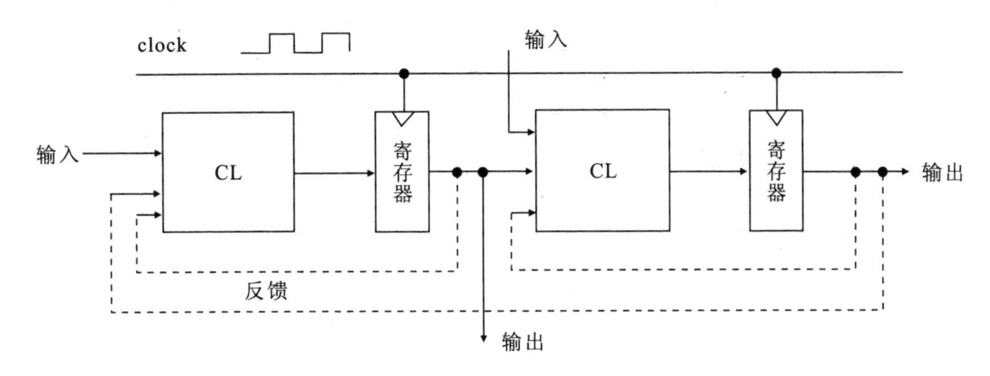


图 5 - 20　同步数字系统的整体模型

## 第四节　组合逻辑电路的表示

图 5 - 21 是一些基本的逻辑门电路的表示。

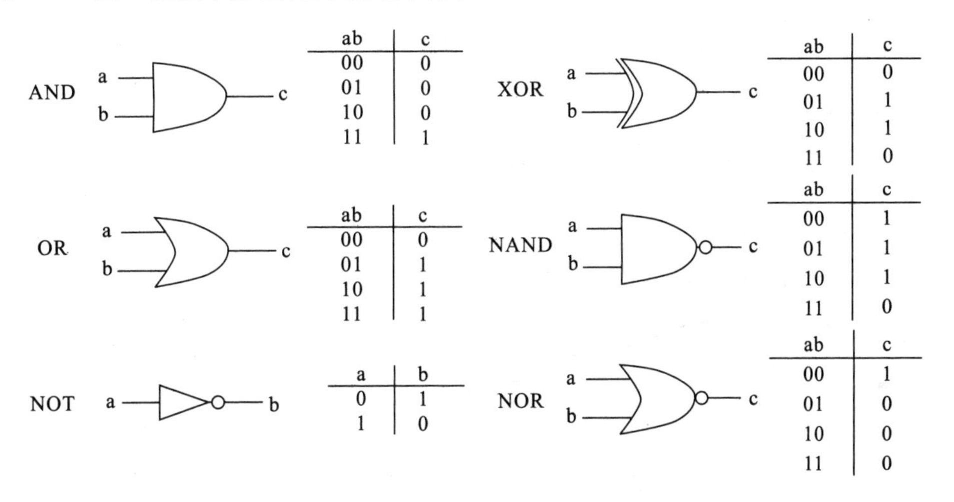


图 5 - 21　基本逻辑门电路

图 5 - 21 列出的是二个输入的基本逻辑电路，这些基本都可自然地扩展到多个输入的情形，但 XOR 扩展则需要一点技巧，其扩展方式为，当且仅当输入的个数为奇数时，输出结果为 1。如图 5 - 22 所示。

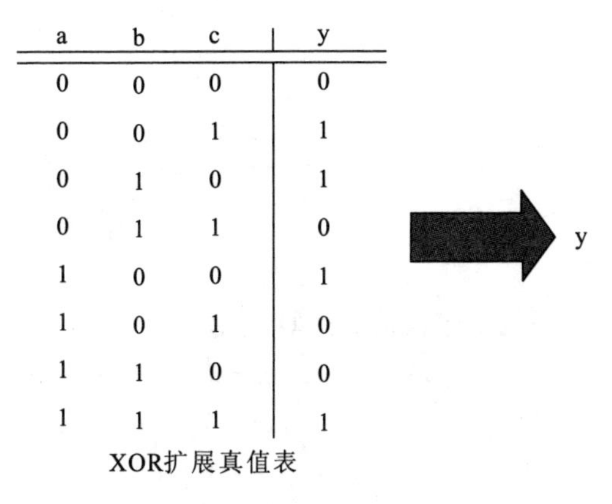

| a | b | c | y |
|---|---|---|---|
| 0 | 0 | 0 | 0 |
| 0 | 0 | 1 | 1 |
| 0 | 1 | 0 | 1 |
| 0 | 1 | 1 | 0 |
| 1 | 0 | 0 | 1 |
| 1 | 0 | 1 | 0 |
| 1 | 1 | 0 | 0 |
| 1 | 1 | 1 | 1 |



XOR扩展真值表

图 5 - 22　XOR 扩展到 $n$ 个输入的情形

# 第五节　布尔代数

George Boole 是 19 世纪的数学家，他开发了涉及逻辑的数学系统，后来称为“布尔代数”。

由 AND、OR 和 NOT 构建的门电路和布尔代数的代数式间存在一一对应的关系。电路设计的目的是已知函数的功能表达为真值表时，得到由基本门电路组合出功能块，如图 5-23 所示。

| PS | Input | NS | Output |
|---|---|---|---|
| 00 | 0 | 00 | 0 |
| 00 | 1 | 01 | 0 |
| 01 | 0 | 00 | 0 |
| 01 | 1 | 10 | 0 |
| 10 | 0 | 00 | 0 |
| 10 | 1 | 00 | 1 |

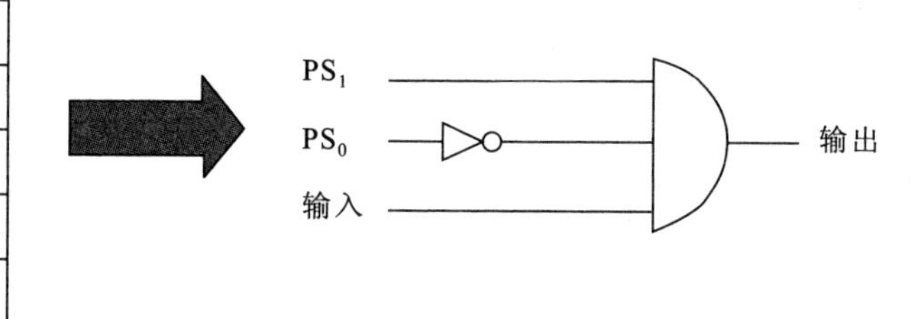


图 5-23　有限状态机的真值表和对应的逻辑电路

由此可以得到布尔代数表达式为：$y=ps_1\cdot\overline{ps_0}\cdot INPUT$。因为布尔代数可以化简，又与逻辑电路的一一对应，所以电路也可以化简，如图 5-24 所示。

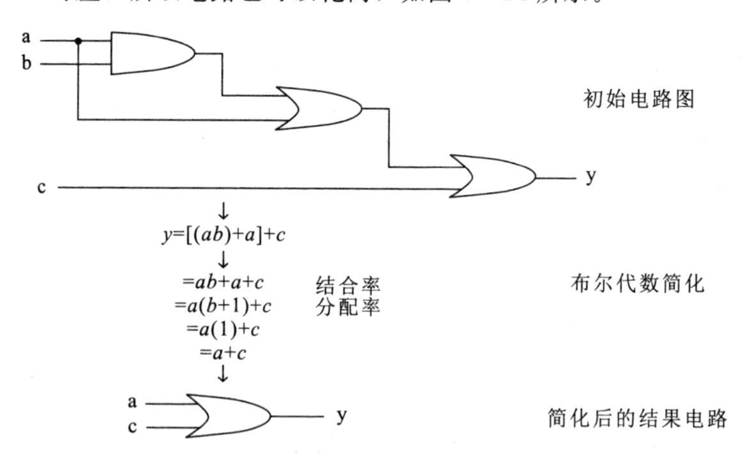


图 5-24　电路化简

下面是布尔代数的运算法则：

$$x\cdot\bar{x}=0 \qquad x+\bar{x}=1$$

$$x\cdot 0=0 \qquad x+1=1$$

$$x\cdot 1=x \qquad x+0=x$$

$$x\cdot x=x \qquad x+x=x$$

交换律：　$x\cdot y=y\cdot x$　　$x+y=y+x$

结合律：　$(xy)z = x(yz)$　　$(x+y)+z = x+(y+z)$

分配律：　$x(y+z) = xy+xz$　　$x+yz = (x+y)(x+z)$

$xy+x = x$　　$(x+y)z = x$

德·摩根定律：　$\overline{x \cdot y} = \bar{x}+\bar{y}$　　$\overline{(x+y)} = \bar{x} \cdot \bar{y}$

运用以上法则，可以简化布尔算式，比如：$y = ab+a+c = a(b+1)+c = a+c$。

下面来看一下布尔表达式、真值表和门电路图之间的转换。布尔表达式转换为真值表，是对布尔表达式右边所有变量尝试可能的值，穷举得到真值表；布尔表达式转逻辑门，是用“与、或、非”门替换布尔代数中的与、或、非运算；门电路图转真值表，是用所有可能的输入组合，来对电路进行测试，得到输出值；门电路图转布尔表达式就是布尔表达式转换为门电路图的逆变换。即对门电路的“与、或、非”运算转换为布尔代数式子的相应运算即可。真正要实现的是真值表到门电路的转换，但这并不容易实现，为此可通过布尔代数作桥梁，从真值表到布尔代数，然后从布尔代数到门电路，后者已经实现。

真值表转换为布尔表达式如图 5 - 25 所示，首先针对真值表的结果，选择出结果为 1 的项，为 1，2，5，7 项，对这些项的输入，如果为 1，直接写出该项，如果为 0，则对该项取反。如第二项中，a，b，c 的值分为 0，0，1，项为 $\bar{a}$，$\bar{b}$，c，对这些相乘得到 $\bar{a}\bar{b}c$，最后对结果为 1 的项相加得到布尔表达式。

| | abc | y |
|---|---|---|
| $\bar{a} \cdot \bar{b} \cdot \bar{c}$ | 000 | 1 |
| $\bar{a} \cdot \bar{b} \cdot c$ | 001 | 1 |
| | 010 | 0 |
| | 011 | 0 |
| $a \cdot \bar{b} \cdot \bar{c}$ | 100 | 1 |
| | 101 | 0 |
| $a \cdot b \cdot \bar{c}$ | 110 | 1 |
| | 111 | 0 |

$y=\bar{a}\bar{b}\bar{c}+\bar{a}\bar{b}c+a\bar{b}\bar{c}+ab\bar{c}$

化简布尔表达式

$$\begin{aligned} y &= \bar{a}\bar{b}\bar{c}+\bar{a}\bar{b}c+a\bar{b}\bar{c}+ab\bar{c} \\ &= \bar{a}\bar{b}(\bar{c}+c)+a\bar{c}(\bar{b}+b) \\ &= \bar{a}\bar{b}(1)+a\bar{c}(1) \\ &= \bar{a}\bar{b}+a\bar{c} \end{aligned}$$

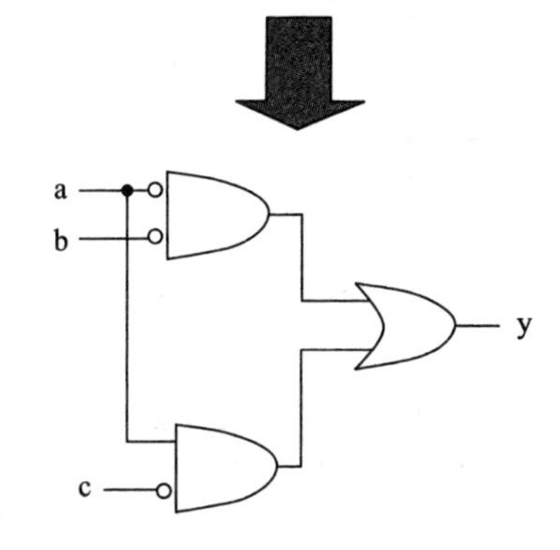


图 5 - 25　由真值表生成门电路图的实例

# 第六节　组合逻辑块

## 一、数据多路复用器

图 5 - 26 是两路复用器（各路都是 n 位宽）。

下面为一位位宽的二选一多路复用器（图 5 - 27）。

其真值表为：

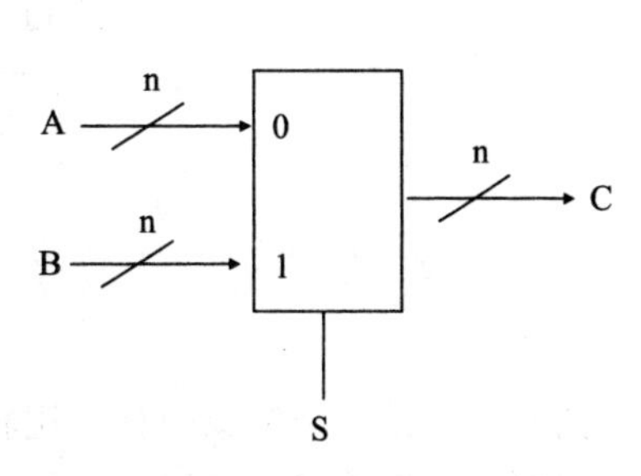


图 5 - 26　两路复用器

| S | a | b | c |
|---|---|---|---|
| 0 | 0 | 0 | 0 |
| 0 | 0 | 1 | 0 |
| 0 | 1 | 0 | 1 |
| 0 | 1 | 1 | 1 |
| 1 | 0 | 0 | 0 |
| 1 | 0 | 1 | 1 |
| 1 | 1 | 0 | 0 |
| 1 | 1 | 1 | 1 |

根据真值表得布尔表达式：$c=\overline{S}a\overline{b}+\overline{S}ab+S\overline{a}b+Sab$

化简得：$C=\overline{S}a(\overline{b}+b)+S(\overline{a}+a)b=\overline{S}a+Sb$

电路图如图 5－27 所示。

图 5－28 是四选一多路复用器。

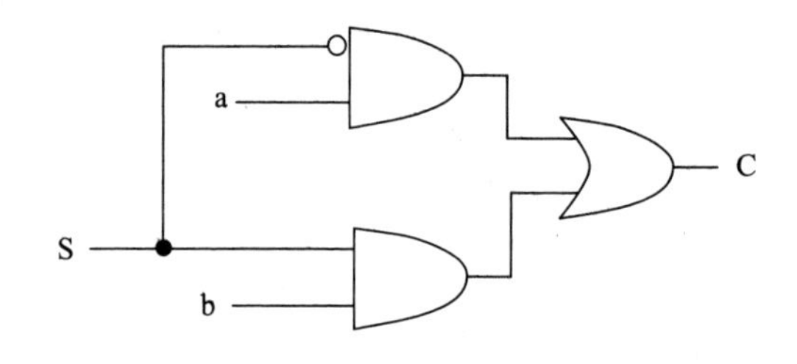


图 5－27　二选一多路复用器

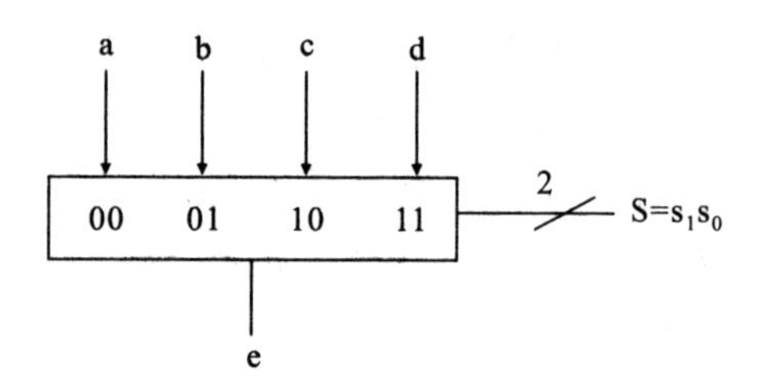


图 5－28　四选一多路复用器

同样方法可以得到布尔表达式为：

$e=\overline{s_1}\,\overline{s_0}a+\overline{s_1}s_0b+s_1\overline{s_0}c+s_1s_0d$

## 二、算术逻辑单元设计

大多数处理器都包含一个称为算术逻辑单元“Arithmetic and Logic Unit（ALU)”的组合逻辑块，那么就要实现如图 5－29 的功能。

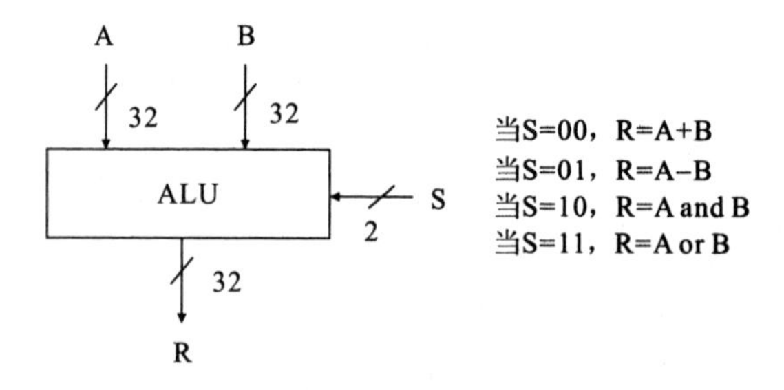


图 5－29　ALU 的功能

图 5－30 是一个抽象的算术逻辑单元 ALU。

根据加法运算规则可以得出加法的真值表（表 5－2)。

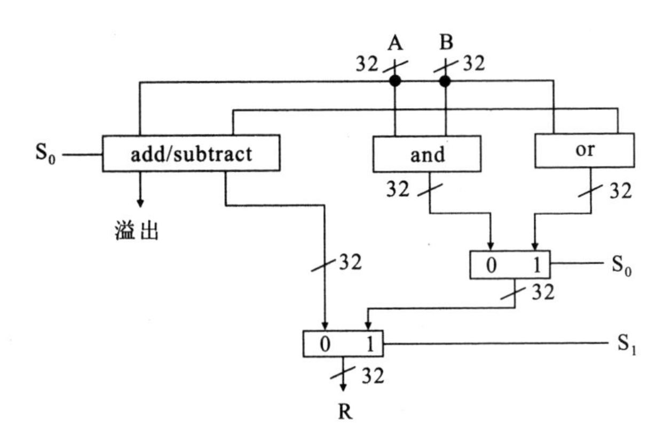


图 5－30　抽象的 ALU

**表 5－2　加法运算真值表**

| A | B | C |
|---|---|---|
| 000…0 | 000…0 | 000…00 |
| 000…0 | 000…1 | 000…01 |
| ⋮ | ⋮ | ⋮ |
| 111…1 | 111…1 | 111…10 |

再由真值表，确定“与”“或”乘积之和的布尔表达式，并且进行化简。但对于表 5－2 将产生 $2^{64}$ 个表项，实现化简并不容易，因此，该运算尽管在理论上可行，但实践上会因计算量太大而不可行，因此需要其他方法来实现。

下面先来设计一位加法器，图 5－31 是真值表和布尔表达式。

| | $a_3$ | $a_2$ | $a_1$ | $a_0$ |
|---|---|---|---|---|
| + | $b_3$ | $b_2$ | $b_1$ | $b_0$ |
| | $s_3$ | $s_2$ | $s_1$ | $s_0$ |

| $a_i$ | $b_i$ | $c_i$ | $s_i$ | $c_{i+1}$ |
|---|---|---|---|---|
| 0 | 0 | 0 | 0 | 0 |
| 0 | 0 | 1 | 1 | 0 |
| 0 | 1 | 0 | 1 | 0 |
| 0 | 1 | 1 | 0 | 1 |
| 1 | 0 | 0 | 1 | 0 |
| 1 | 0 | 1 | 0 | 1 |
| 1 | 1 | 0 | 0 | 1 |
| 1 | 1 | 1 | 1 | 1 |

$$s_i = \mathrm{XOR}(a_i, b_i, c_i)$$
$$c_{i+1} = \mathrm{MAJ}(a_i, b_i, c_i) = a_ib_i + a_ic_i + b_ic_i$$

图 5－31　真值表和布尔表达式

其中 $s_i$ 是结果，$c_{i+1}$ 是“进位”位。根据布尔表达式设计出的一位加法器如图 5－32 所示。

其中，

$s_i = \mathrm{XOR}(a_i, b_i, c_i)$

$c_{i+1} = \mathrm{MAJ}(a_i, b_i, c_i) = a_ib_i + a_ic_i + b_ic_i$

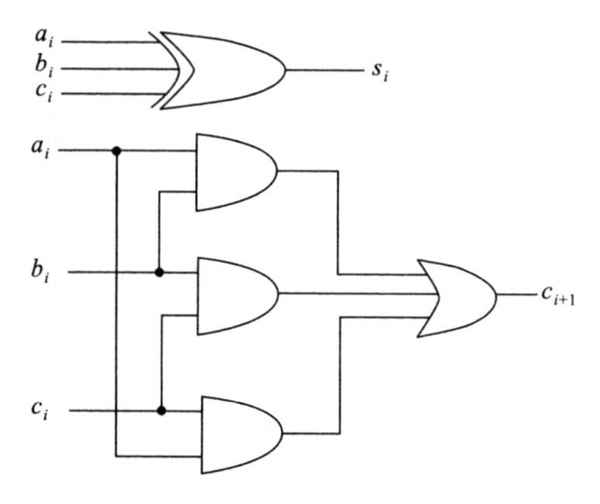


图 5-32　一位加法器

把 $N$ 个一位的加法器连接便可实现 1 个 $N$ 位加法器，如图 5-33 所示。

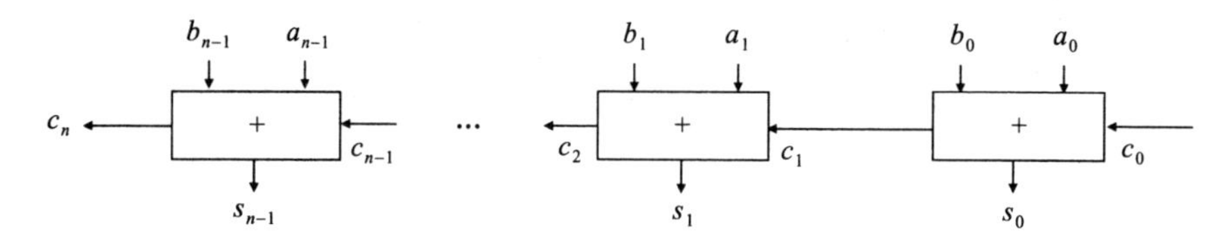


图 5-33　$N$ 位加法器

但是这里存在溢出的问题：当 a，b 不同号时，不会出现溢出。但是当两个正数相加时，在最高位不可能有进位，在次高位有进位，则加成了负数；当两个负数相加时，在最高位总有进位，如果次高位无进位，则加成了正数。无论何种情况，只要最高进位和次高进位不同则发生溢出，可以得出：overflow$=c_n$XOR$c_{n-1}$。

减法器是在加法器的基础上设计的，因为 A−B=A+（−B)。由 1 xor b=$\bar{\text{b}}$，0 xor b=b，得 A−B=A +（−B） = A+$\bar{\text{B}}$+1，所以运用加、减法器可以进行设计，如图 5-34 所示。

当 SUB 为 1 时做减法，当 SUB 为 0 时实现加法。

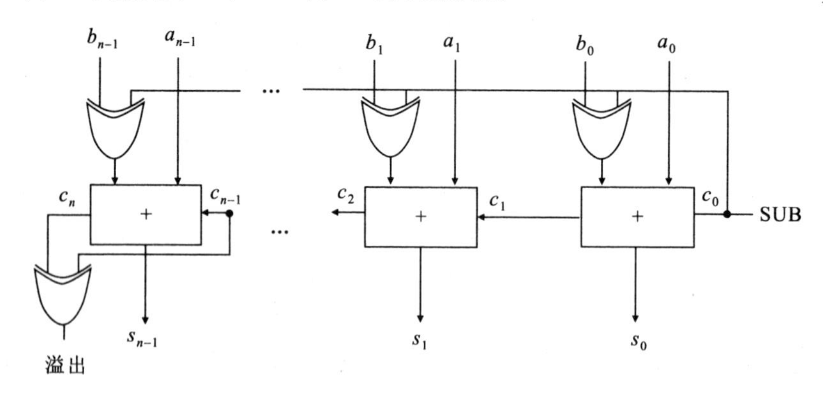


图 5-34　加、减法器

# 第六章 CPU设计

## 第一节 CPU设计引论

计算机的5个组成部分如图6-1所示，其中处理器（CPU）是计算机的核心，完成包括数据操作与控制决策等所有工作，通过控制数据通道来执行。

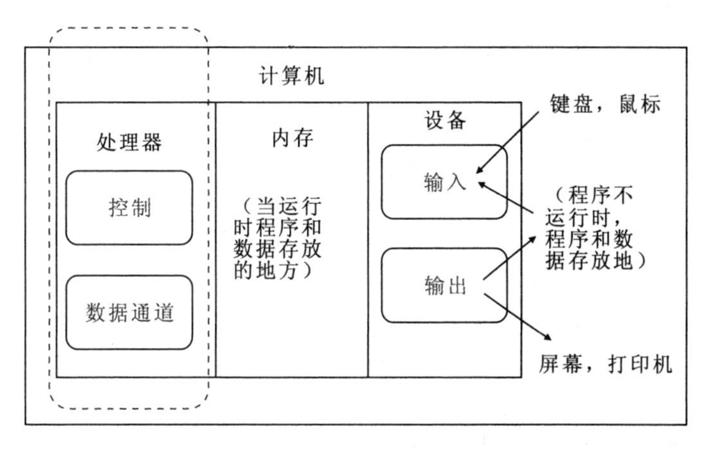


图6-1 计算机的组成部分

将"执行一条完整指令"的块作为一个整体则太大（该块要执行从取指令开始的所有操作），效率不高。因此一般将"执行整个指令"的操作分解为多个阶段，然后将所有阶段连接在一起产生整个数据通道。这样每个阶段更小，更容易设计，每个阶段之间相对独立，因此方便优化其中一个阶段，这就是数据通道的分阶段。MIPS指令步骤分为以下5步。

第一步：取指

无论何种指令，首先必须把32-位指令字从内存中取出。在这一步，还需要增加PC（即PC=PC+4，以指向下一条指令，由于是按字节寻址，故加4）。

第二步：指令译码

在取到指令后，获得各字段的数据（对必要的指令数据进行解码）。首先，读出opcode，以确定指令类型及各字段长度。接下来，从相关部分读出数据（对于add是读两个寄存器；对于addi是读一个寄存器；对于jal不用读寄存器）。

第三步：ALU（Arithmetic-Logic Unit）

大多数指令的实际计算在此阶段完成：算术指令（+，-，*，/），移位（<<，>>），逻辑（&，|），比较（<，>，==），以及数据装入（load）寄存器和存储（store）数据到内存操作等。例如指令lw $t0，40（$t1），需要访问的内存地址为寄存器$t1的值加40，因此，在这一步需要做此加法运算。

第四步：内存访问

事实上只有 load 和 store 指令在此阶段会工作；其他指令在此阶段空闲或者直接跳过本阶段，由于 load 和 store 需要此步，因此需要一个专门的阶段来处理他们。由于 cache 系统的作用，该阶段有望加速，如果没有 caches，本阶段会很慢。

第五步：写寄存器

大多数指令会将计算结果写到寄存器，如算术、逻辑、移位、装入、slt，而对存储(sw)、分支（beq)、跳转（jump）结束时，不写结果到寄存器，这些指令在第 5 阶段空闲，或者干脆跳过。

图 6-2 是数据通道的一般步骤。

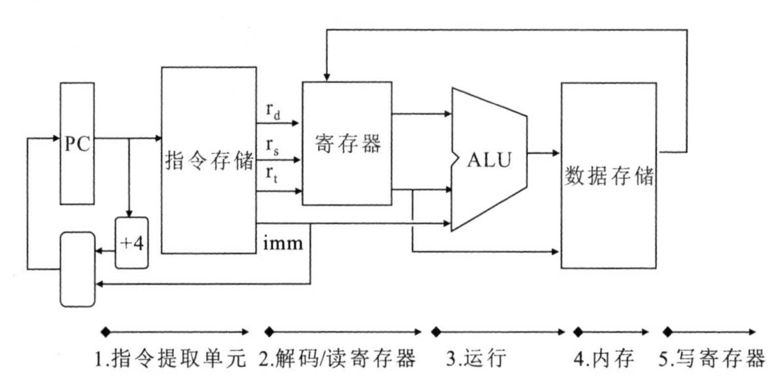


图 6-2　数据通道的一般步骤

下面以几个具体的例子来说明指令的步骤。

例 1：add 指令，add \$r3，\$r1，\$r2（图 6-3）

第一步：取指令，增加 PC。

第二步：解码，知道是 add 指令，读寄存器 \$r1 和 \$r2。

第三步：将上一步获得的两个值相加。

第四步：空闲（不用读写内存）。

第五步：将第三步的结果写入寄存器 \$r3。

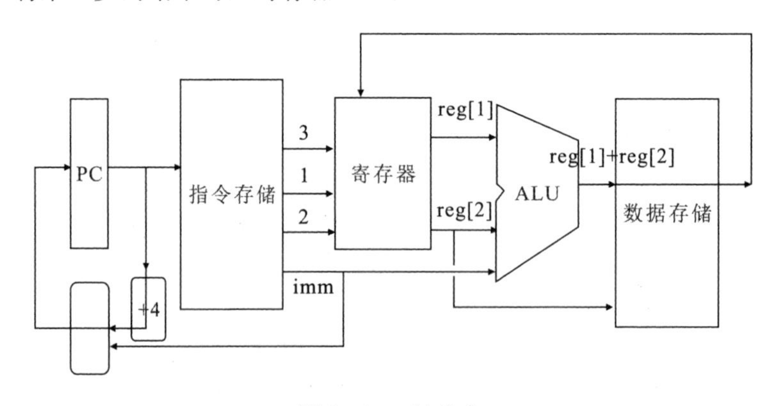


图 6-3　add 指令

例 2：sw 指令，sw \$r3，17（\$r1）（MEM［r1＋17］<＝r3）（图 6-4）

第一步：取指（令），增加 PC。

第二步：解码，知道是 sw 指令，然后读寄存器 $ r1 和 $ r3。

第三步：将 17 与寄存器 $ r1 的值相加（上一步获得），求得内存地址。

第四步：将寄存器 $ r3 的值（第二步取得）写到第三步计算得到的内存地址。

第五步：空闲（不必写入寄存器）。

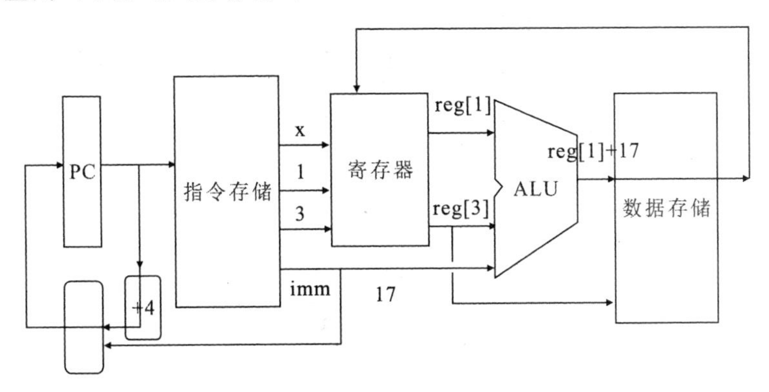


图 6-4　sw 指令

前述指令至少在某一步空闲，但为什么 MIPS 还要有 5 步呢？因为 5 步能使所有的操作有统一的步骤，还有一些指令 5 个阶段都需要（即没有空闲阶段），装入字（lw）指令就需要 5 个阶段。

例 3：lw 指令，lw $ r3，17（$ r1）（图 6-5）

第一步：取指（令），增加 PC。

第二步：解码，知道是 lw 指令，读寄存器 $ r1。

第三步：将 17 与寄存器 $ r1 的值相加（上一步得到）。

第四步：从上一步计算得到的内存地址中读值。

第五步：将上一步读到的值写入寄存器 $ r3。

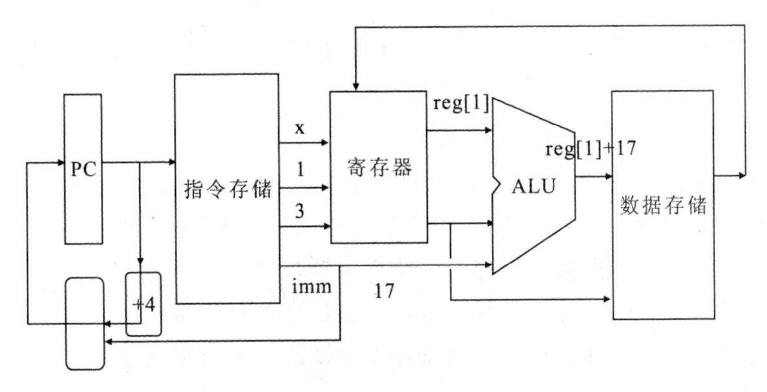


图 6-5　lw 指令

根据以上分析可以得出设计 CPU 需要的硬件组件：ALU、PC 寄存器、通用寄存器（也称为寄存器文件）、内存。ALU 用于第三步，执行所有必要的运算，如算术运算、逻辑运算等；PC 寄存器用于跟踪记录下一条指令的内存地址；通用寄存器用于第二步读存储在寄存器文件中的数据和第五步写数据到寄存器文件中，MIPS 共有 32 个通用寄存器。内存用于第一步取指令和第四步读写内存，后面要讲的 Cache 系统使得这两步和其他步骤同样快。其他寄存器是为了实现每个时钟周期执行一步，在各步之间插入寄存器以保存各阶段变换过程中的中间数据和控制信号。需要注意的是寄存器是通指保存位的实体，只有通用寄存器在“寄存器文件”中，还有一些寄存器不属于“寄存器文件”。

对于每个指令，如何控制数据通道中信息的流动呢？这就需要 CPU 时钟。对于单周期的 CPU，指令的所有阶段在一个长的时钟周期中完成。时钟周期要设计得足够长，以便能在一个周期内完成所有指令的 5 步，如图 6－6 所示。

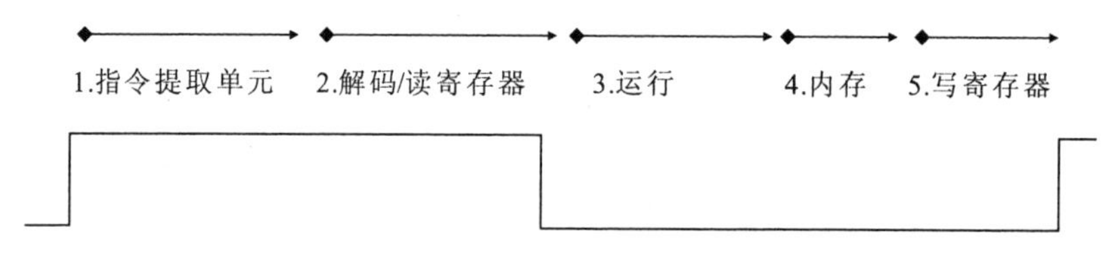


图 6－6　单周期 CPU

而对于多时钟周期的 CPU，每个时钟周期执行一个阶段指令，时钟和最慢的阶段一样长。和单时钟执行相比，它的好处是，某个指令未用的阶段可以跳过，指令各个阶段可以进入流水线（重叠），由于周期更短，每个周期都有一条指令完成，从而增加吞吐率，如图 6－7 所示。

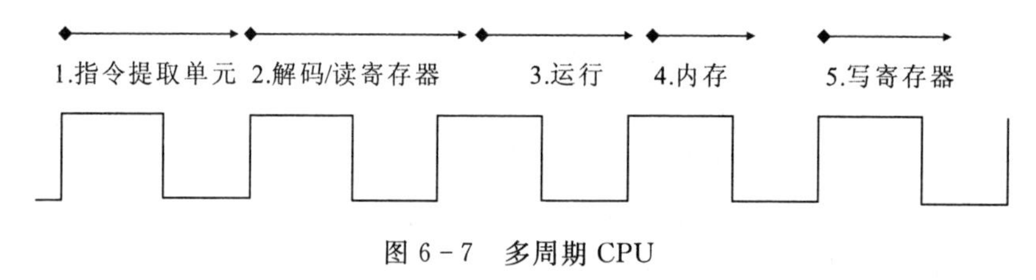


图 6－7　多周期 CPU

## 第二节　单周期指令 CPU 的数据通道设计

总的来说，CPU 的设计可分为如下步骤。

（1）根据指令集结构（ISA）分析数据通道需求：用寄存器变换语言来描述每个指令的含义；数据通道必须包含用 ISA 寄存器的存储单元；数据通道必须支持每个寄存器的变换。

（2）选择需要用到的数据通道组件，并建立时钟规则。

（3）将各组件组装起来，完成数据通道，以满足处理器的需求。

（4）分析每个指令的实现以确定影响寄存器变换语言的控制点设置。

（5）组装控制逻辑。

所有 MIPS 指令 32 位长，有 3 种格式，如图 6－8 所示。

设计成 3 种格式，而不是一种格式的原因是，如果一种格式，则必须由至少四部分组成，如果各部分等长，则对于 Jump 指令，其跳转的地址只能有 8 位，显然可跳转的范围就太小了，无法满足实际使用的需求。

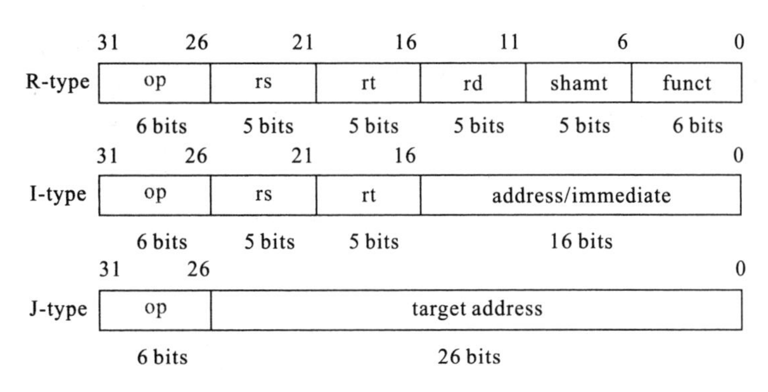


图 6－8　MIPS 指令的 3 种格式

各字段的含义如下。

op：指令操作码。

rs，rt，rd：指定源和目的寄存器。

shamt：平移量。

funct：指令操作码。

address / immediate：地址偏移量/立即数。

target address：跳转时的目标地址。

所有的指令都从取值开始，比如：

ADDU R [rd] ←R [rs] ＋R [rt]；PC←PC＋4

SUBU R [rd] ←R [rs] －R [rt]；PC←PC＋4

## 一、CPU 设计的指令集的要求

根据前面分析，设计并实现 CPU 必须要有下列一些基本组成部件。

（1）内存：存储指令和数据，指令和数据各需要一块内存来存储。

（2）寄存器：RS→Rs，RT→Rt，RD→Rd。总共需要 32 个 32 位的寄存器。

（3）程序记数器 PC。

（4）扩展器：实现数的符号扩展或无符号扩展。

（5）Add/Sub/OR 运算单元，操作寄存器或扩展后的立即数。

（6）实现 PC 加 4 操作或 PC 加扩展后的立即数操作。

（7）实现寄存器存储的数值比较。

## 二、CPU 数据通道组件

数据通道的部件包括：组合逻辑单元和存储单元。

组合逻辑单元（构建块）如图 6－9 所示。

存储单元：内存有一个输入总线（Data In），一个输出总线（Data Out）。内存字的选择：地址选择具体哪个字放在 Data Out 上；Write Enable＝1，选择具体的内存地址，通过 Data In 总线写入该地址。时钟输入（Clk），Clk 仅仅是写入操作时起作用。寄存器与 D 触发器类似，但 N 位输入和输出与写使能输入例外；当写使能失效时：Data Out 不改变；写使能见效时，Data Out 在时钟正沿时取得 Data In 的值。

寄存器文件含有 32 个寄存器：两个 32 位输出总线，busA 和 busB；一个 32 位输入总线，busW。寄存器通过以下信号选择：通过 Ra 选择将哪一个寄存器放到 busA（数据）；通过 Rb 选择将哪一个寄存器放到 busB（数据）；当 Write Enable 是 1 时 Rw（数）选择通过 busW（data）写入到哪一个寄存器。如图 6－10 所示。

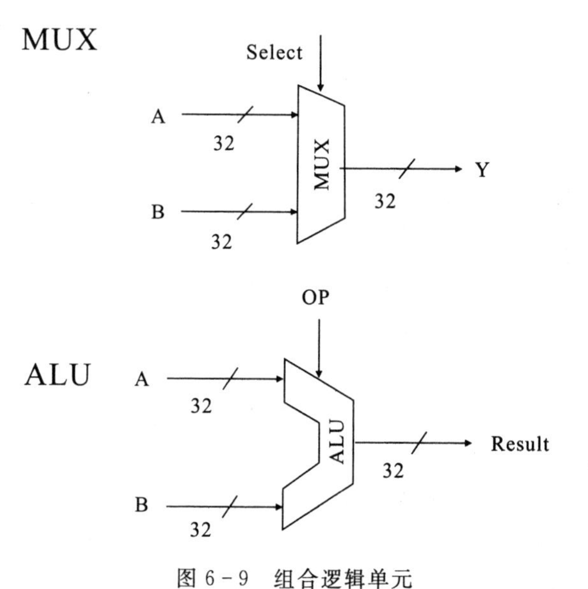

图 6－9　组合逻辑单元

时钟信号（Clk）输入仅当写操作时才起作用，在读操作时，其行为和组合逻辑块一样：Ra 或 Rb 有效，则 busA 或 busB 在“访问时间”后产生效果。

## 三、组装组件实现数据通道

组装数据通道要实现寄存器变换的需求，具体需要完成：①取指令；②读操作数并执行运算。

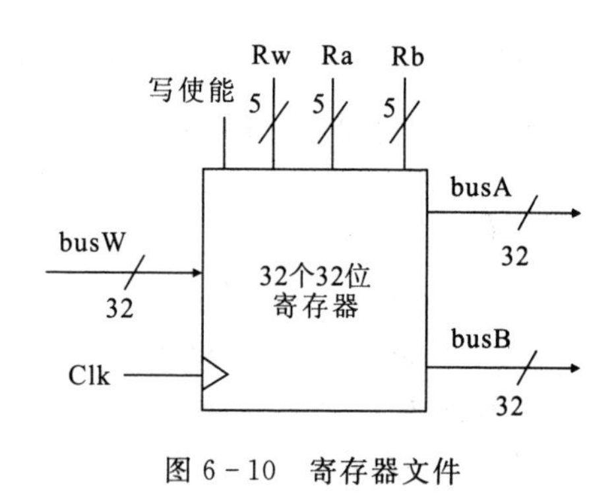

图 6－10　寄存器文件

首先讨论数据通道的取址组件，其逻辑图如图 6－11 所示。所有指令共有的 RTL 操作如下。

（1）在开始执行指令前，使用程序记数器（PC）取得指令地址。

（2）在指令执行结束时，更新程序记数器，具体来说：对顺序执行指令，PC 加 4；对分支和跳转指令，除了加 4 外，还要增加跳转的相对指令条数乘以 4。

下面将通过不断增加的方式实现处理器运算等功能的设计。

1. 寄存器算术逻辑运算数据通道的设计

对于加减法指令，图 6－12 所示为其数据通道。

首先，把寄存器文件的 Ra，Rb 和 Rw 的输入端与指令总线 Rd，Rs 和 Rt 引出线相连；然后再将寄存器文件的输出 busA 和 busB 连接到 ALU 的两个输入；最后将 ALU 的输出连接到寄存器文件的输入 busW。

但以上是概念上的工作方式。实际上，指令寄存器中出来的指令总线将设置 Ra 和 Rb

为由 Rs 和 Rt 指定的寄存器。这将导致寄存器文件将寄存器 Rs 的值指定到 busA，而 Rt 的值指向 busB。在指定 ALUctr 为合适的值后，ALU 将执行加或减运算。结果将反馈到指定的寄存器 Rw 中，该寄存器由指令总线的 Rd 字段指定。

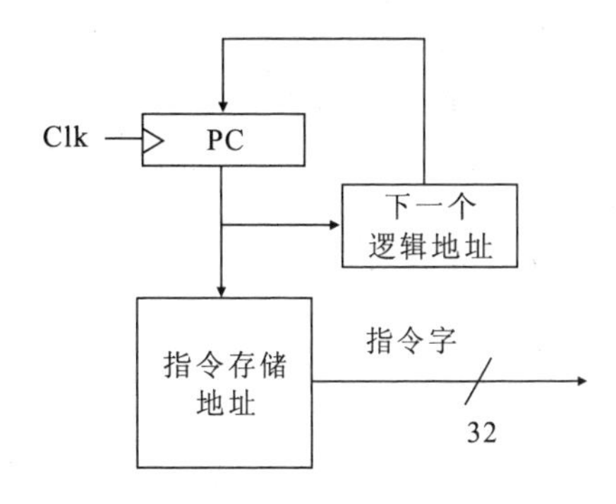


图 6-11　取址组件

由于使用时钟策略，对所有的存储单元都由同样的时钟边缘定时，如图 6-13 所示。翻转器(flip-flops) 和组合逻辑会有一些延时：对于门电路，输入引起输出变化之间有延时；在翻转器输入端的信号必须稳定，然后激发时钟边缘才允许信号从翻转器中通过，在信号建立时间之后会

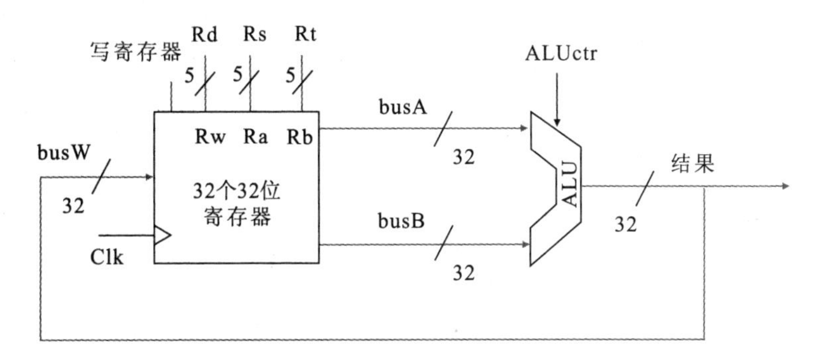


图 6-12　仅实现加、减法的简单处理器的数据通道

有 Clock-to-Q 延时。所以，时钟周期将为下面几项的和。

(1) 输入寄存器的 Clock-to-Q 时间。

(2) 通过组合逻辑块的最长延时路径。

(3) 输出寄存器的建立时间。

(4) 时钟误差。

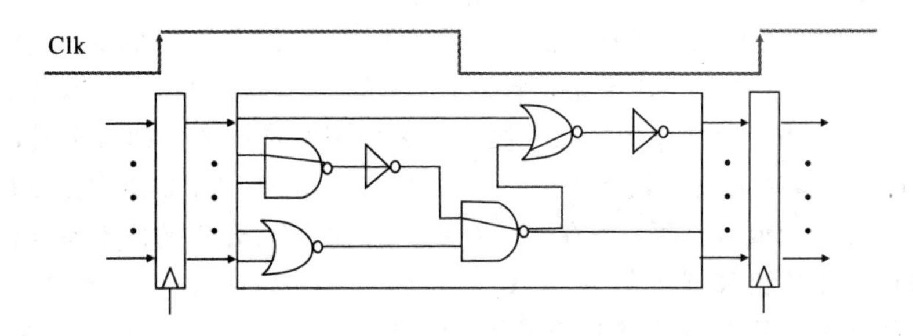


图 6-13　时钟边缘定时

接着，用量化的观点看看所发生的事情，如图 6-14 所示。在每个时钟触发后，经过 Clk-to-Q 时间，程序记数器的新值出现在指令内存端。在经过指令内存访问延时后，Op-code、Rd、Rs、Rt 和 Function 字段的值将出现在指令总线上。一旦在指令总线上，出现新的指令，即加或减指令，两件事情将并行发生。

首先，控制单元将对 Opcode 和 Func 字段解码，并根据结果设置 ALUctr 和 RegWr 控制信号。与此同时还将读寄存器文件（寄存器文件访问时间），一旦数据出现在 busA 和 busB，ALU 将根据 ALUctr 信号，执行加或减操作。另外还希望 ALU 足够快，以便在下一个时钟周期开始前指令运算能结束。在下一次时钟跳变时，ALU 的输出将写到寄存器文件中，当然此时 RegWr 信号将等于 1。

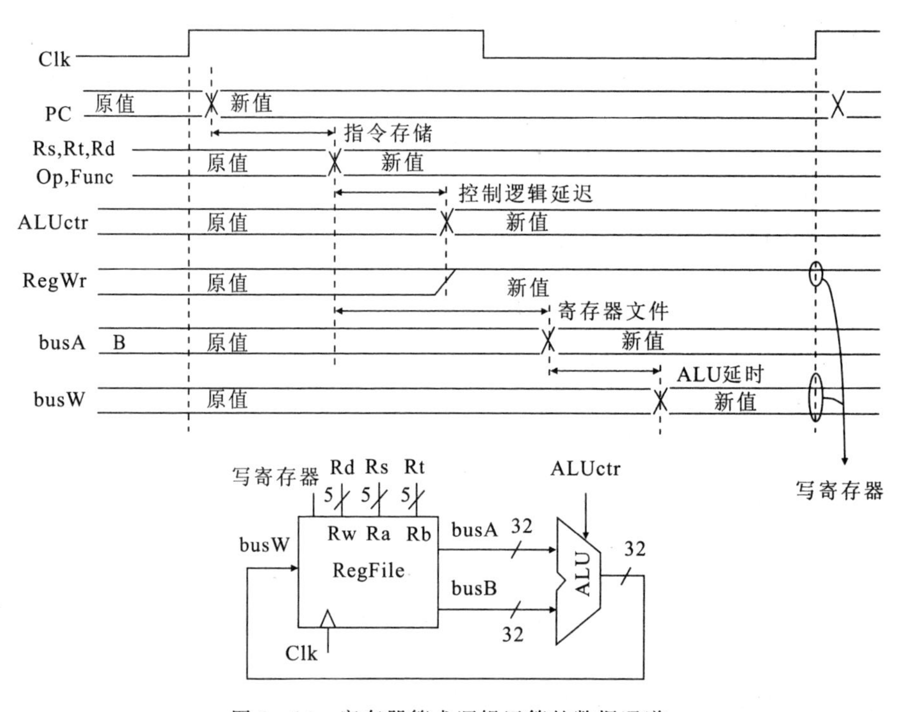


图 6-14　寄存器算术逻辑运算的数据通道

2. 带立即数运算的数据通道设计

立即数指令的数据通道如图 6-15 所示。由于在此指令格式中，没有 Rd 字段，因此不使用 Rd 字段。在 R 型指令中的 Rd 字段，在这里用作立即数字段的一部分。在此类型的指令中，寄存器文件的 Rw 输入，即待写的寄存器的地址，来源于指令的 Rt 字段。

因此需要一个多路复用器 MUX 来选择是 Rd 还是 Rt 连接到 Rw，对 R 型指令选择 Rd，对 I 型指令选择 Rt。由于此指令的第二个操作数为使用零扩展的立即数字段，也需要一个多路复用器 MUX 来阻断从寄存器文件中引入的总线 B。由于总线 B 由多路复用器 MUX 阻止，不必理会总线 B 的值。因此，寄存器文件 Rb 指定的寄存器中的值不参与运算。为了简化操作，这里可以让其和 R 型指令一样，还是由 Rt 字段指定 Rb。

数据通道的任务如下：Rs 连接到寄存器文件的 Ra 输入，总线 A 将获得 Rs 指定的寄存器作为 ALU 的第一个操作数；第二个操作数来源于指令的立即数字段；一旦 ALU 完成 OR 运算，结果将被写入指令的 Rt 字段指定的寄存器。

再来看看装入操作，如图 6-16 所示。同样，由于无法使用指令的 Rd 字段，因为 load（装入）是 I 型指令，而在 I 格式中没有 Rd 字段。因此，使用 Rt 字段代替 Rd，来指定目标寄存器，使用二选一多路复用器。ALU 的第一个操作数来源于寄存器的输出 busA，其值为

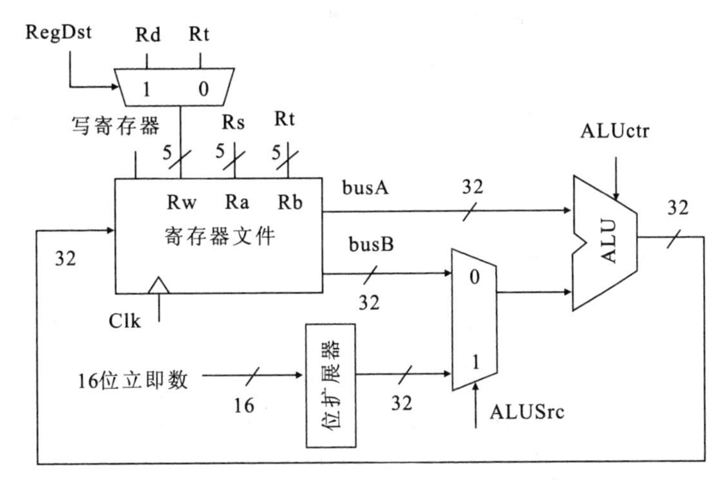


图 6－15 立即数指令数据通道

Rs 指定的寄存器。第二个操作数来源于指令的立即数字段。在前面的立即数数据通道中使用的是零扩展，在这里设计更通用的扩展器，即既可以进行符号扩展也能进行零扩展。然后，ALU 将此两个操作数相加，形成内存地址。

结果是，ALU 的输出将进入到两个位置：其一是数据内存的输入地址；其二是二选一多路复用器的输入。此多路复用器的另一个输入来源于数据内存的输出，因此可以将数据内存的输出指定到 load 指令的寄存器文件输入总线。对于加法、减法及 OR 立即数指令，将选择 ALU 的输出作为寄存器文件的输入总线。无论何种情况，都应设置控制信号 RegWr，以便在周期结束时，写入寄存器文件。

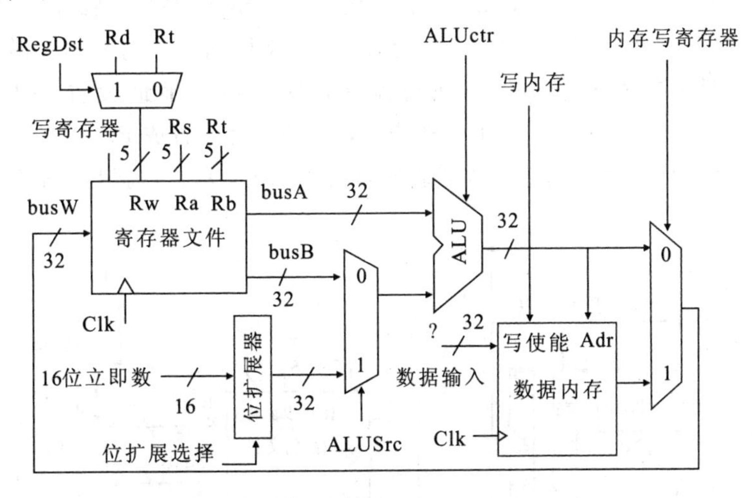


图 6－16 装入（load）指令的数据通道

### 3. store 指令数据通道设计

store 指令实现将寄存器的值保存到内存中，其数据通道如图 6－17 所示。寄存器文件、ALU 和符号扩展与前面的装入指令的数据总线相同，原因在于内存地址将以与 load 指令完全相同的方式计算。

（1）将由 Rs 选择的寄存器连接到总线 A，并符号扩展 16 位立即数字段。

（2）然后由 ALU 实现这两个值相加（busA 和符号扩展后的输出）。

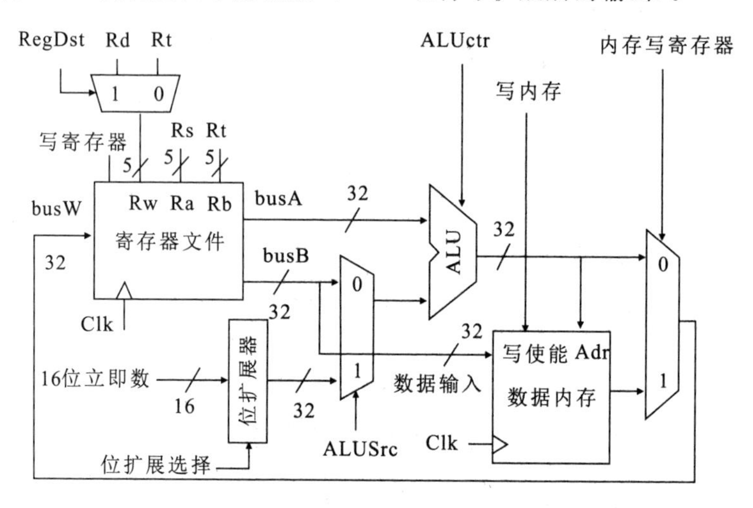


图 6－17　store 指令的数据通道

为了将由 Rt 字段选择的寄存器内容（寄存器文件中的 Rb）发送到数据内存，需要连接总线 B 到数据内存的 Data In 总线。最后 store 指令是首次遇到的不写寄存器文件的指令。因此，对此指令，控制单元应使 RegWr 为零。

4. 分支指令的数据通道设计

接下来再来看一下分支运算的数据通道，如图 6－18 所示。首先来回顾一下分支运算的指令格式，例如指令 beq rs，rt，imm16，它所执行的是 mem［PC］从内存中取指令，然后计算分支条件，即通过将 Rs 字段指定的寄存器与 Rt 字段指定的寄存器相减，如果相减的结果为零，则这两个寄存器相等，将执行跳转，即将指令地址设置成 PC＝PC＋4＋［SignExt（imm16）×4］，否则执行下一条指令，即将地址设置成 PC＝PC＋4。

最后进行总体集成，完整周期的数据通道如图 6－19 所示。这就是我们建立的单时钟周

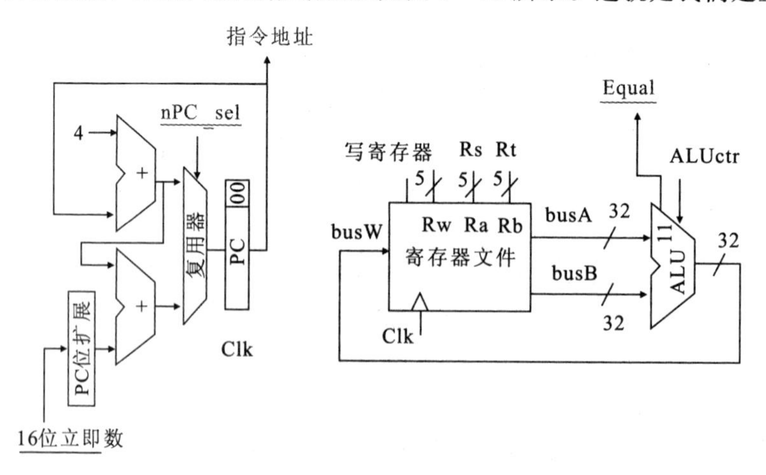


图 6－18　分支运算的数据通道

期数据通道。在加减取指单元后，将看到前面所讲的 PC、下一个地址逻辑及指令内存。这里，给出了如何从 32 位指令字中得到 Rt、Rs、Rd 和 Imm16 字段。Rt、Rs 和 Rd 字段将作为寄存器文件的输入，指定寄存器，而 Imm16 字段将进入扩展器，以进行零（Zero）扩展或者符号扩展为 32 位。信号 ExtOp，ALUSrc，ALUctr，MemWr，MemtoReg，RegDst，RegWr，Branch 和 Jump 为控制信号，下一节将讲述这些信号。

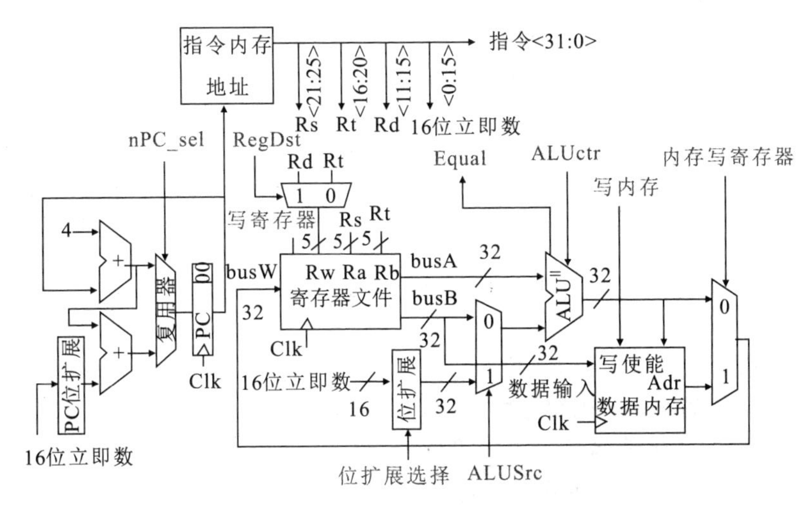


图 6-19　完整的数据通道

# 第三节　单周期指令 CPU 的控制通道设计

## 一、分析各种运算的控制信号需求

上面介绍了完整周期的数据通道，现在就只剩下控制信号了。控制信号的含义如图 6-20 所示，其中：

ExtOp："zero"，"sign"

ALUSrc：0⇒regB，1⇒immed

ALUctr："ADD"，"SUB"，"OR"

MemWr：1⇒write memory

MemtoReg：0⇒ALU；1⇒Mem

RegDst：0⇒ "rt"；1⇒ "rd"

RegWr：1⇒write register

接下来考察简单的加法指令。就寄存器变换语言来说，加法指令需要做下面一些事情：

首先，从内存中取得指令。

其次，实际执行加指令，即，对由指令的 Rs 和 Rt 字段所指定的寄存器的内容相加；然后，将结果写到由 Rd 字段指定的寄存器。

最后，需要更新程序计数器指向下一条指令。

此指令的各阶段数据通道的情况如图 6-21 所示，其展示了在执行加、减法指令过程中

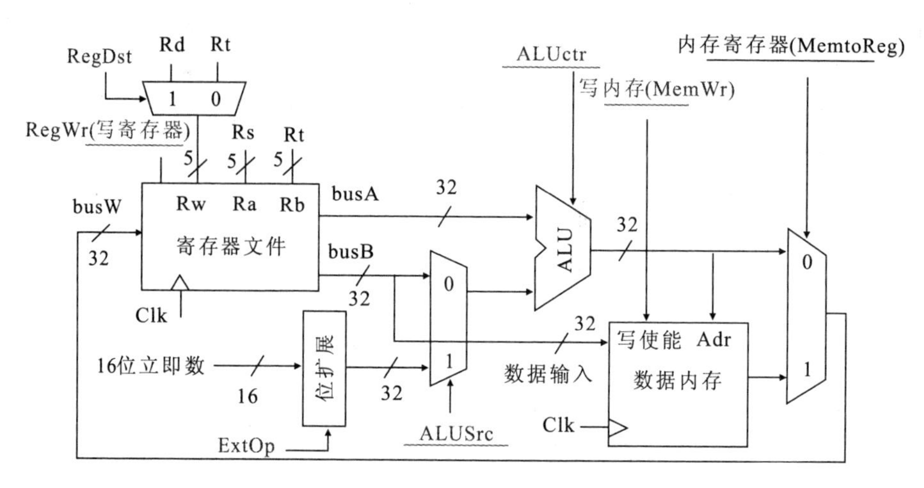


图 6-20　控制信号的含义

主数据通道的活动情况。指令的 Rs 和 Rt 连接到寄存器文件中 Ra 和 Rb 的地址端口，使得由 Rs 和 Rt 字段指定的寄存器内容分别放到 busA 和 busB。再通过 ALUctr 信号设置进行加还是减，ALU 将执行正确的运算，由于设置 MemtoReg 为 0，ALU 输出将放到 busW 上。设置 RegWr 为 1，这样结果将在周期结束时写到寄存器文件中。

需要指出的是，ExtOp 可取任意值，因为扩展既可以是 SignExt 也可以是 ZeroExt。因为，此时 ALUSrc 应为 0，将使用 busB 作为 ALU 的输入。需要关注的其他控制信号还有：

(1) MemWr 应设置为 0，因为不写内存。

(2) 而 Branch and Jump 设置为 0。

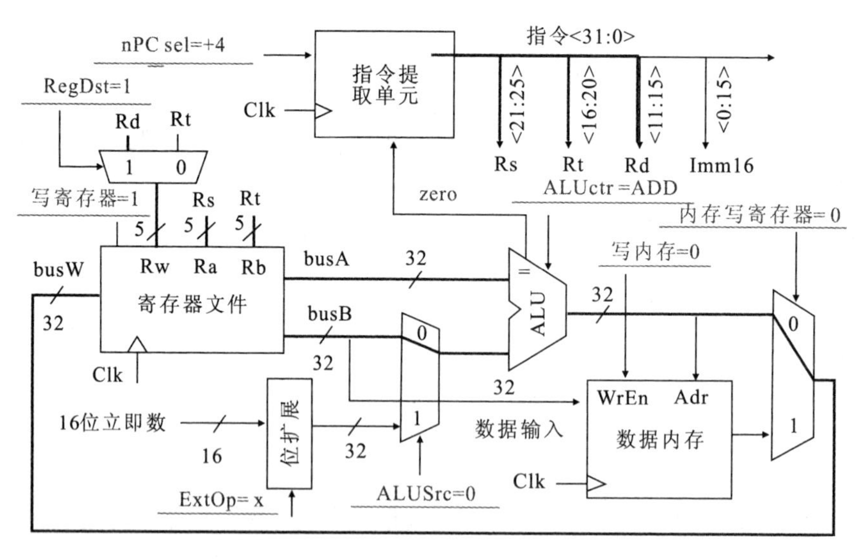


图 6-21　加、减法指令的控制信号

执行完加减法指令后，取指单元的控制信号设置情况如图 6-22 所示。其中分支和跳转设置为 0。结果是将一个加法器的输出（实现 PC 加 1），通过二选一多路复用器选中，从而其值放到程序记数器中。程序记数器在下一次时钟跳变时更新为此新值。注意到每个周期程序记数器都会更新，因此，它没有写使能信号控制写入。同样，此图对除 Branch 和 Jump 外的所有指令都是相同的。因此仅在 Branch 和 Jump 指令时，再次考察这一部分的内容。

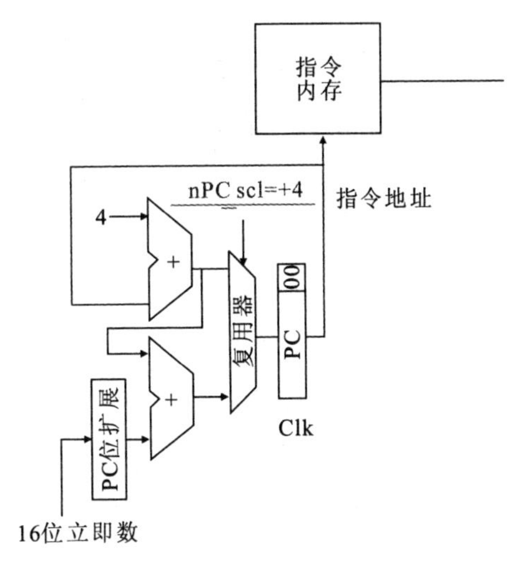


图 6－22 取指单元的控制信号设置

下面看立即数或（ori）指令的控制信号设置，如图 6－23 所示。立即数或指令，把由 Rs 字段指定的寄存器的内容和经过零扩展后的立即数进行或运算，然后将结果写到由 Rt 指定的寄存器。

其控制位设置如下：ALUSrc 设置为 1，位扩展选择设置为零扩展，ALUctr 设置为或运算，RegWr 为 1，MemtoReg 为 0，接下来再来看看装入指令，如图 6－24 所示。

最后，分析每个指令的实现以确定影响寄存器变换的控制点设置，如图 6－25 所示。

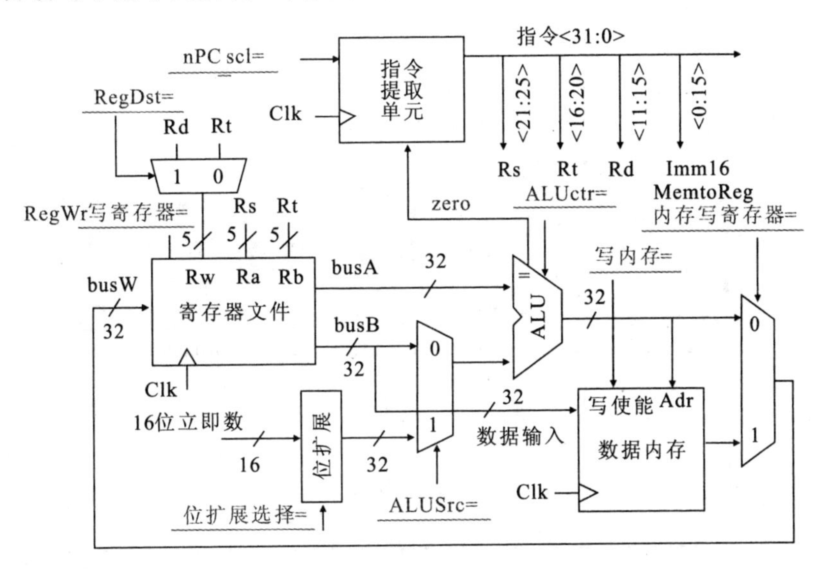


图 6－23 立即数或指令的控制信号

## 二、控制信号处理器的设计

| 指令 | 寄存器转换 |
|---|---|
| add | R [rd] ←R [rs] +R [rt]; PC←PC+4 |
| | ALUsrc=RegB，ALUctr= “ADD”，RegDst=rd，RegWr，nPC _ sel=“+4” |
| sub | R [rd] ←R [rs] −R [rt]; PC←PC+4 |
| | ALUsrc=RegB，ALUctr= “SUB”，RegDst=rd，RegWr，nPC _ sel= “+4” |
| ori | R [rt] ←R [rs] +zero _ ext (Imm16); PC←PC+4 |

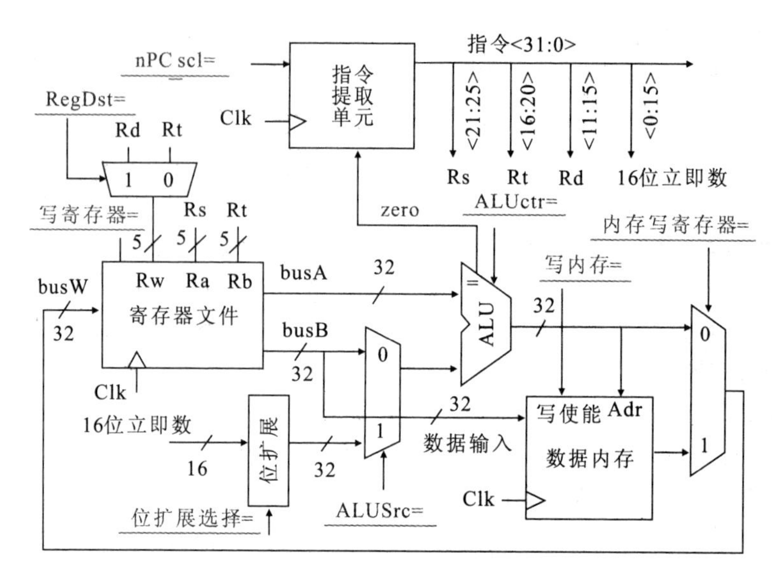


图 6-24　装入指令的控制信号

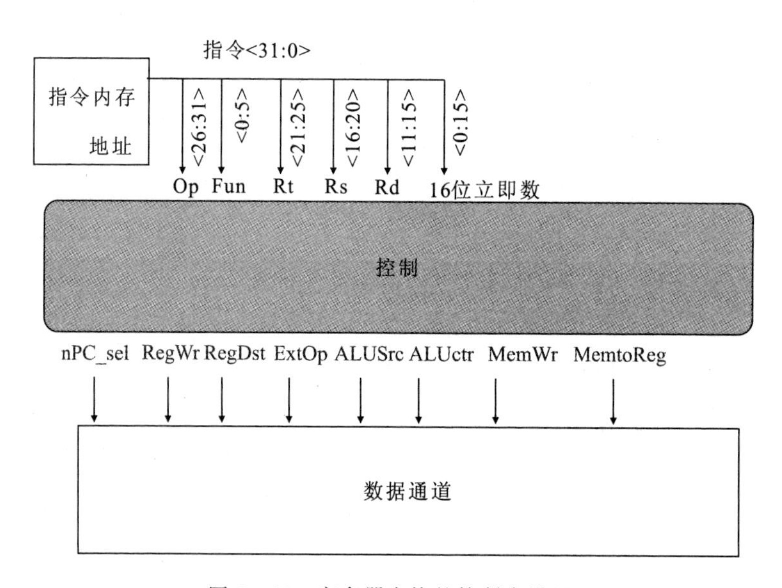


图 6-25　寄存器变换的控制点设置

ALUsrc=Im，Extop= “Z”，ALUctr= “OR”，RegDst=rt，RegWr，nPC _ sel= “+4”

lw　R [rt] ←MEM [R [rs] +sign _ ext (Imm16)]；PC←PC+4

ALUsrc=Im，Extop= “sn”，ALUctr= “ADD”，MemtoReg，RegDst=rt，RegWr，nPC _ sel= “+4”

sw　MEM [R [rs] +sign _ ext (Imm16)] ←R [rs]；PC←PC+4

ALUsrc=Im，Extop= “sn”，ALUctr= “ADD”，MemWr，nPC _ sel=“+4”

beq　if (R [rs] ==R [rt]) thenPC←PC+sign _ ext (Imm16)]||00elsePC←PC+4 nPC _ sel= “br”，ALUctr= “SUB”

图 6-26 是 7 条指令控制信号的总结。

| 附录A |  | | | | | | |
|---|---|---|---|---|---|---|---|
| func | 10 0000 | 10 0010 | 具体值无关 | | | | |
| op | 00 0000 | 00 0000 | 00 1101 | 10 0011 | 10 1011 | 00 0100 | 00 0010 |
|  | add | sub | ori | lw | sw | beq | jump |
| RegDst | 1 | 1 | 0 | 0 | x | x | x |
| ALUSrc | 0 | 0 | 1 | 1 | 1 | 0 | x |
| MemtoReg | 0 | 0 | 0 | 1 | x | x | x |
| RegWrite | 1 | 1 | 1 | 1 | 0 | 0 | 0 |
| MemWrite | 0 | 0 | 0 | 0 | 1 | 0 | 0 |
| nPCsel | 0 | 0 | 0 | 0 | 0 | 1 | ? |
| Jump | 0 | 0 | 0 | 0 | 0 | 0 | 1 |
| ExtOp | x | x | 0 | 1 | 1 | x | x |
| ALUctr<2:0> | Add | Subtract | Or | Add | Add | Subtract | x |

|  | 31 26 | 21 | 16 | 11 | 6 | 0 |  |
|---|---|---|---|---|---|---|---|
| R-type | op | rs | rt | rd | shamt | funct | add,sub |
| I-type | op | rs | rt | immediate | | | ori,lw,sw,beq |
| J-type | op | 目标地址 | | | | | jump |

图 6-26 7 条指令控制信号的总结

下面是控制信号设置的布尔表达式：

RegDst=add+sub

ALUSrc=ori+lw+sw

MemtoReg=lw

RegWrite=add+sub+ori+lw

MemWrite=sw

nPCsel=beq

Jump=jump

ExtOp=lw+sw

ALUctr [0] =sub+beq (assumeALUctr is 0 ADD，01：SUB，10：OR)

ALUctr [1] =or

其中“+”表示逻辑或运算，如 RegDst 当为加法或减法时其值为 1，即 add=1 或 Sub=1 时值为 1。

rtype=～op5 · ～op4 · ～op3 · ～op2 · ～op1 · ～op0

ori=～op5 · ～op4 · op3 · op2 · ～op1 · op0

lw=op5 · ～op4 · ～op3 · ～op2 · op1 · op0

sw=op5 · ～op4 · op3 · ～op2 · op1 · op0

beq=～op5 · ～op4 · ～op3 · op2 · ～op1 · ～op0

jump=～op5 · ～op4 · ～op3 · ～op2 · op1 · ～op0

add=rtype · func5 · ～func4 · ～func3 · ～func2 · ～func1 · ～func0

sub=rtype · func5 · ～func4 · ～func3 · ～func2 · func1 · ～func0

以上为 add 等运算次表达式，如 add 为 1 当且仅当 op=000000，且 func=100000，而

op=000000，即 op 的第 0 位 op0=0，第 1 位 op1=0，…。而这等价于$\overline{op5}\cdot\overline{op4}\cdot\overline{op3}\cdot\overline{op2}\cdot\overline{op1}\cdot\overline{op0}=1$，同理 func=100000 等价于 $fun5\cdot\overline{func4}\cdot\overline{func3}\cdot\overline{func2}\cdot\overline{func1}\cdot\overline{func0}=1$ 故可得上面各式。

根据上面的分析，控制逻辑可设计成如下形式，如图 6-27 所示。

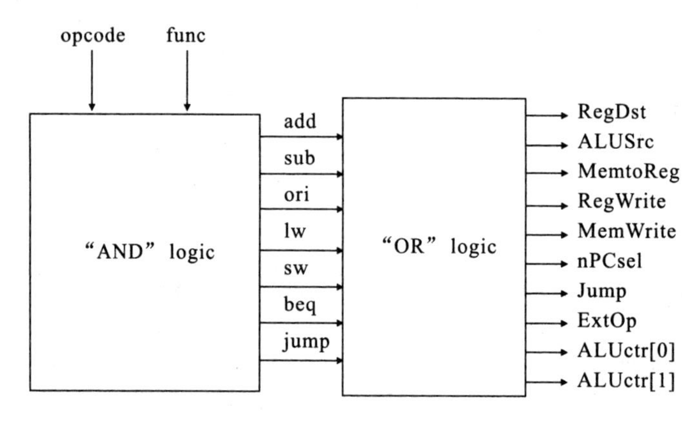


图 6-27 控制的执行

# 第七章　流水线改进性能

用流水线的方式来提高执行效率是一个伟大的想法。理想化的流水线是每个周期执行指令的一个阶段，从而每个时钟周期都将有一个指令完成。

由于指令间的相似性，使得所有的指令可以使用相同的阶段，并且每个阶段的时间大致相同，这样就可以减少由于各阶段执行时间差异而浪费时间。所以平均而言，执行速度快了很多。

流水线有3个困境使下一条指令无法在所设计的时钟周期中执行：

（1）结构困境：硬件不支持一些指令组合。

（2）控制困境：流水线结构中，对于分支语句，必须等到分支的结果出来后，才知道下条语句该执行什么。

（3）数据困境：指令依赖于前面指令的结果，而前面的指令还在流水线中执行，只有前面指令结束后才有结果，因此该指令必须等待前一条指令完成，这会产生流水线空闲。

## 第一节　流水线结构概述

前面已经知道对于单周期处理器执行一条指令是分为5个阶段执行的，即取指、译码、执行计算、读写内存和写寄存器等。假设数据通道的5个阶段的执行时间如下：从内存中读取指令（Iftch）、算术逻辑运算（ALU）、读写内存中的数据（Data Mem）都是2ns，读写寄存器文件是1ns。同时又知道在所有MIPS指令中，从内存中装入字的指令lw为耗时最长的指令，可知lw指令执行时间为$2+1+2+2+1=8$ns，从而可以求得处理器的时钟周期为8ns，因此处理器的时钟频率最快可为125MHz。

在单周期处理器中，每个周期的5个阶段都完成后，才去执行下一个周期。因此，在第一个周期的第一阶段完成后，第一个周期的硬件系统将空闲，处于无事可做的状态。这样就比较浪费时间。一种自然的想法，就是将周期细分到阶段，即以每个阶段作为一个时钟周期，这样完成单个指令需要多个周期，但每个周期将会有一个指令完成，且时钟周期将会减少。这就是流水线的思想，以下进行具体分析。

在工厂的流水线中生产的是同一个产品，因此能够顺利进行。但在处理器的数据通道中流动的是指令，而每个指令并不完全相同。因此，要想在流水流线中完成这些指令，要求每个指令必须运行同样（或相似）的步骤，也称为阶段“stages”，在MIPS处理器中，确实能基本满足这种相似性。具体来说，在MIPS处理器中，这些阶段包括取值（IFtch）、译码（Dcd）、执行（Exec）、内存访问（Mem）和写回寄存器（WB）五大部分。虽然对于一些指令来说，其中个别阶段有时会空闲（idle），但总体来讲，此种阶段划分保证了指令间的相似性，从而使各种不同的指令能够以流水线方式执行。流水线的基本结构如图7-1所示。

在单周期非流水线结构中，已经知道lw指令执行时间为：IF＋ReadReg＋ALU＋Memory＋WriteReg＝2＋1＋2＋2＋1＝8ns，add指令执行时间为：IF＋ReadReg＋ALU＋

WriteReg＝2＋1＋2＋1＝6ns。而在流水线结构中，每个时钟周期都会有一条指令完成（当指令足够多时，可以忽略前 4 个周期没有指令完成）。因此，平均一条指令的执行时间为花费最长的那个阶段所用的时间，即 Max（IF，ReadReg，ALU，Memory，WriteReg）＝2ns。故时钟周期可为 500MHz，比非流水线结构速度快了 4 倍。因此流水线结构极大地提升了指令的执行效率。

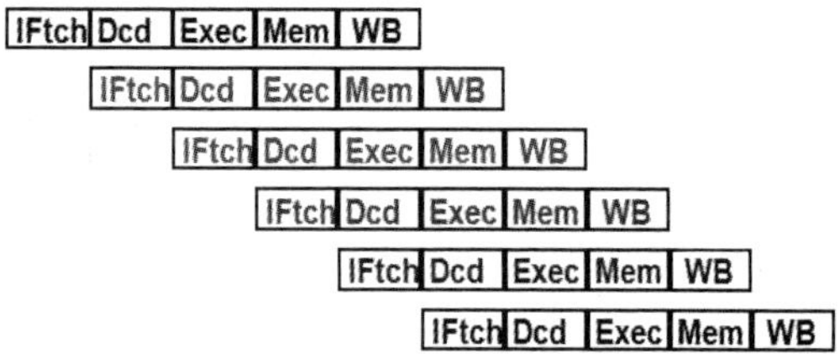

IFtch Dcd Exec Mem WB
IFtch Dcd Exec Mem WB
IFtch Dcd Exec Mem WB
IFtch Dcd Exec Mem WB
IFtch Dcd Exec Mem WB
IFtch Dcd Exec Mem WB

图 7－1　流水线基本结构

由上面分析可以知道，流水线结构使处理器的时钟频率提升成为可能，从而加速计算机的运行。但在实际指令执行过程中却会出现一些阻碍流水线顺畅执行问题，以下几节将分别讨论。

# 第二节　结构困境

## 一、内存的结构困境

在图 7－2 中，load 指令会在第 4 阶段读取内存，并在第 5 阶段将取出的值写回寄存器。当执行到 load 指令后面的第 3 条指令时，该指令开始取指，而 load 指令恰好处于第 4 阶段，故该时刻两条指令均在读取内存（load 指令读内存中的数据，而 Instr3 读内存中的指令）。而内存只有一个，并且无法在同一时钟周期同时为两个读取操作工作，即由于硬件结构不支持同时读取而产生无法操作，此称为结构困境。

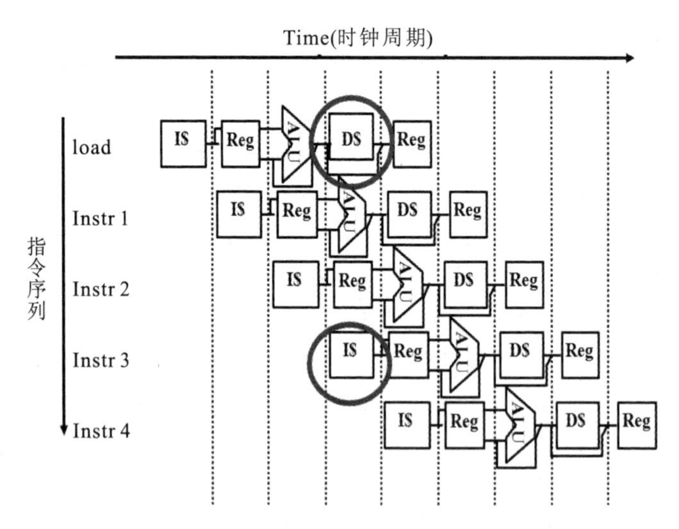


图 7－2　在同一时钟周期内两次读取内存

解决这种结构困境的一种办法是，设计出两个内存单元，一个指令内存，一个数据内存，但这样在总容量一定的情况下，设计出一种满足中等程序和数据规模的二个内存单元无法满足大程序和小数据的要求，也无法满足小程序和大数据的要求。

另外一种解决方案是通过建立两个一级缓存（缓存是内存的一个临时的拷贝，保存最近常用的内容）来仿真两个内存的方法实现。其中一个缓存指令，另一个缓存数据，可以使用这两个缓存来避免同一时钟周期内读取内存的情况。然而，当两个缓存同时缺失（miss）时，则要访问的数据在两个缓存中都没有，此时需要同时从内存中获得数据，从而仍会产生内存结构困境，此时需要更复杂的硬件来控制。

## 二、寄存器的结构困境

在图 7 - 3 中，lw 指令会在最后阶段写寄存器，而在其之后的第 3 条指定在该时刻可能也在读寄存器，因此，就可能产生在同一时钟周期内两条指令同时读写寄存器，这是结构困境的另一种情况。这种困境有两种不同的解决方案：

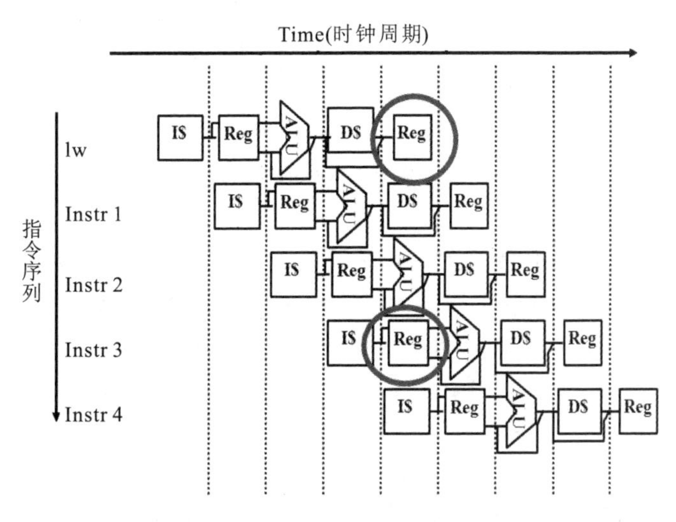


图 7 - 3　在同一时钟周期同时读写寄存器

（1）由于 RegFile 访问非常快，只占到 ALU 阶段的一半时间，因此规定在该时钟周期的前半段只能写寄存器，在时钟周期的后半段规定只能读寄存器，这样就解决了同时读写寄存器产生的冲突问题。

（2）构建具有独立读写端口的 RegFile，这种寄存器可在同一时钟周期执行读写操作。

# 第三节　控制困境

计算机中对应于支持决策任务的是分支指令。根据流水线思想的流程，流水线中会执行分支指令后的指令。但是由于流水线刚从内存读取了一条分支指令，还没有计算得到分支条件的真假，故无法确定是该取下一条语句（条件为假时）还是该取分支后的语句（条件为真时），即无法知道下面应该具体取哪条指令来执行。

按照之前讨论的 MIPS 的 5 个阶段，分支判断显然需要在流水线的结构的算术逻辑单元（ALU）阶段完成后，才能得到结果，判断是否该分支。如图 7 - 4 所示。而此时，如果对流水线不加控制，则不管是否进行分支，总会取到该分支语句之后的紧接着的两条指令，并进入流水线执行。但如果要分支的话，则会执行本不该执行的指令，从而降低效率，并且这些指令如果真实执行，还会改变寄存器，从而可能导致结果不正确。

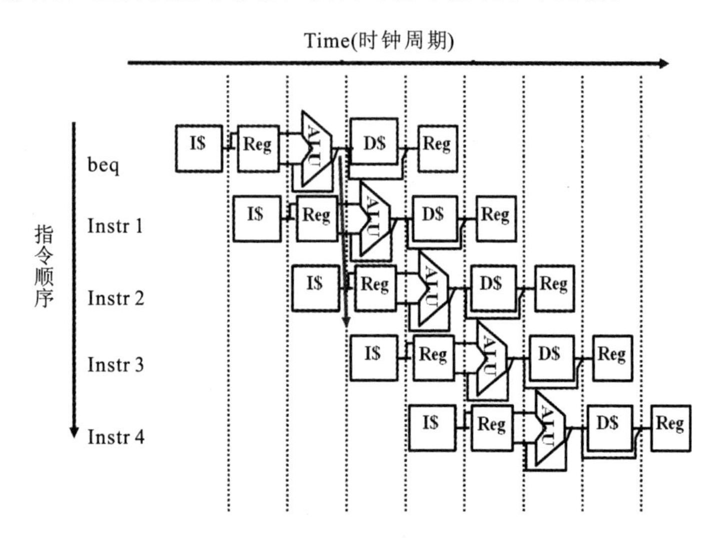


图 7-4　指令流水线的控制困境

该问题的基本解决方案是阻塞直到作出决策。插入“no-op”指令（该指令不做任何工作，只是消耗时间），或者持有取得的指令（等两个周期）。假定比较是在 ALU 阶段进行，那么每个分支语句会花费 3 个时钟周期。这极大降低了程序的工作效率。

因此希望的分支功能是：如果不分支，不必浪费时间，直接正常执行后面的语句；如果分支，不执行其后的语句，直接跳到所要求的标号处开始执行。可能的优化方法有以下两种。

优化方法一：在第二阶段插入特殊分支比较器（图 7-5），即引入新的硬件来执行分支指令。当处理器执行到指令第二阶段时，一旦指令解码（Opcode 确定它是分支语句），立即进行决策并设置 PC 为新值，并实现分支跳转。该方法的优点是由于分支在第二阶段完成，只取了一个不必要的指令，因此只用插入一个“no-op”（图 7-6、图 7-7）。但是这会带来副作用，即分支语句的后 3 个阶段将不会执行，导致分支在第 3、4、5 阶段空闲。

优化方法二：重新定义分支。根据分支语句的传统定义，执行分支语句时，如果分支，紧随其后的指令不会被执行，而直接跳转到标记处；如果不分支，则继续执行下一条指令。在流水线思想中，可以重新对分支进行定义，即处理器执行到一个分支指令时，无论该指令结果是否分支，紧随分支指令后的一个指令都要执行，该分支指令后的指令称为“分支延时槽”（branch-delay slot）。在计算机中这种方法被称为“延时分支”（delayedbranch），意义是总是执行分支后的指令，而在这条指令之后再开始执行分支。

延时分支并没有暴露给 MIPS 汇编语言编写者，这是由于汇编器会自动排列指令，以使得分支的行为达到程序员的要求。对指令顺序重排是加快程序速度的一个常用的方法，编译器必须非常聪明，以便找到不受影响的指令。通常，找到此指令的可能性至少为 50%。MIPS 软件会在延时分支指令的后面紧跟着放置一条不受该分支影响的指令。发生了的分支会改变这条安全指令之后的指令的地址。

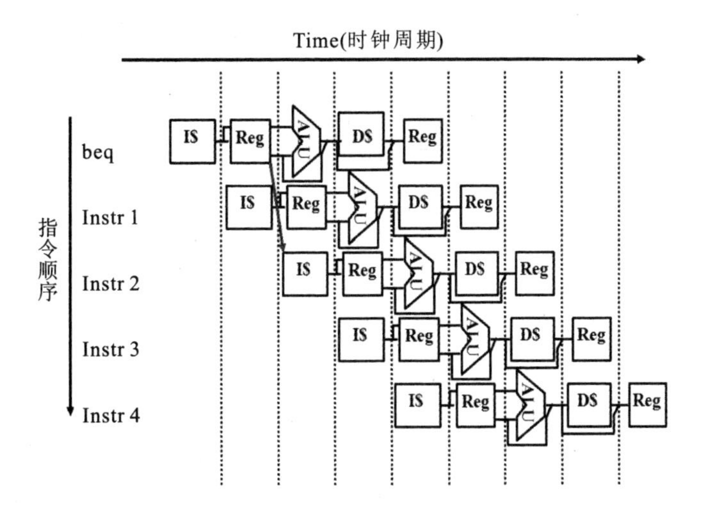


图 7-5 引入特殊分支比较器解决控制困境

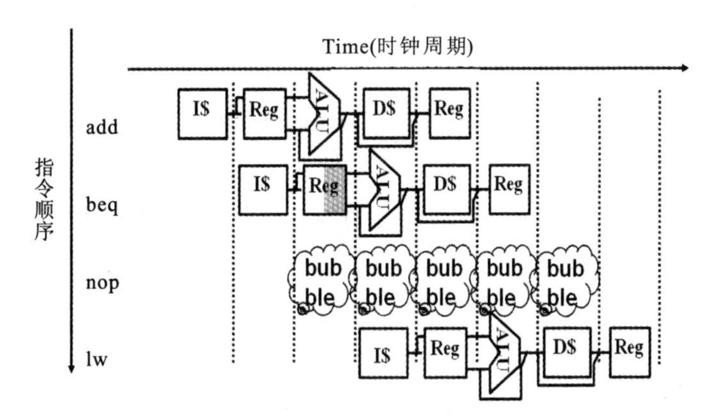


图 7-6 插入 nop 解决控制困境

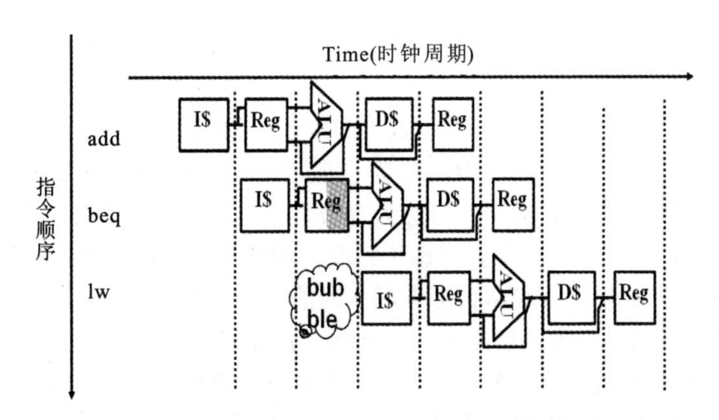


图 7-7 硬件方式插入 nop 解决控制困境

该方法最坏情形是总需要在 branch - delay slot 中插入一个 no - op 指令（即找到不受分支影响的指令），较好情形是找到分支之前的一个指令，该指令可以放到 branch - delay slot

中，而不影响程序的流程。此外，跳转指令与分支指令类似，也有 delay slot，这里不详细介绍。

下面是分支不延时与分支加延时比较的一个例子：

| 分支不延时 | 分支加延时 |
| --- | --- |
| or $8, $9, $10 | add $1, $2, $3 |
| add $1, $2, $3 | sub $4, $5, $6 |
| sub $4, $5, $6 | beq $1, $4, exit |
| beq $1, $4, exit | or $8, $9, $10 |
| xor $10, $1, $11 | xor $10, $1, $11 |
| exit: | exit: |

可以看出，左边的指令序列为分支不延时执行序列，现在在执行 beq 语句之后，将会有两个时钟周期的阻塞，才能判断是否跳转，故影响了程序性能；对于右边的指令序列，则为分支加延时执行序列，可以看出该序列对原指令序列进行了重排，将 OR 指令置于 beq 指令之后，因此 beq 指令执行后的第二个时钟周期必会执行 xor 指令，填充了 branch - delay slot，从而保证了程序性能。

## 第四节　数据困境

在一个计算机流水线中，处于流水线内部的各条指令之间的数据相关关系会导致数据困境。例如下面的指令序列：

```
add $t0, $t1, $t2     ①
sub $t4, $t0, $t3     ②
and $t5, $t0, $t6     ③
or $t7, $t0, $t8      ④
xor $t9, $t0, $t10    ⑤
```

显然②～⑤指令中都需要 t0 的结果，而 t0 是①指令的执行的结果，因此①指令第 5 个阶段执行完之前，后面的指令都无法得到 t0 的数据，这就意味着必须在流水线当中引入 3 个“气泡”。因此在实现流水线中就会产生数据的困境，如图 7 - 8 所示。

对于数据困境，一种基本的解决方案称为前馈（forwarding）。该方法不需要等到指令执行完成就能解决数据困境。它的主要思想为直接将一个阶段的结果前馈到另一阶段，对于上述代码，一旦 ALU 产生了加法运算（即①指令）的结果，就可将它用作②～⑤指令一个输入项。通过添加额外的硬件，能从内部资源中提前得到所缺少的运算项。如图 7 - 9 所示。

但是前馈（forwarding）无法解决所有的问题，例如当上面第一条指令不是 add 而是 lw 指令时，由于数据间的相关性，所需要的数据只有在前一条指令完成流水线的第 4 级之后才有效，这对于 sub 指令的第 3 级输入来说就太迟了。如下面指令所示：

```
lw $t0, 0($t1)        ⑥
sub $t3, $t0, $t2     ⑦
```

如果按照直接将一个阶段的结果前馈到另一阶段原则，结果如图 7 - 10 所示。

显然⑥的结果前馈给⑦也无法满足流水线的要求，因为时间不可能倒流。因此必须阻塞

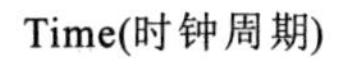


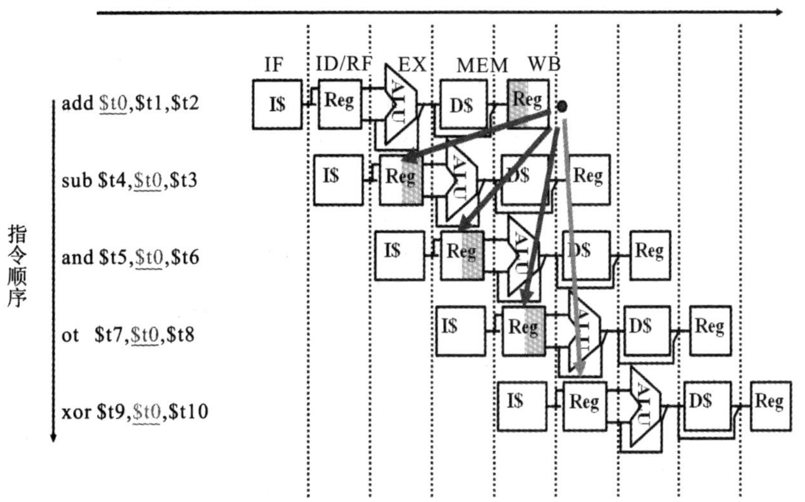


图 7-8　数据困境

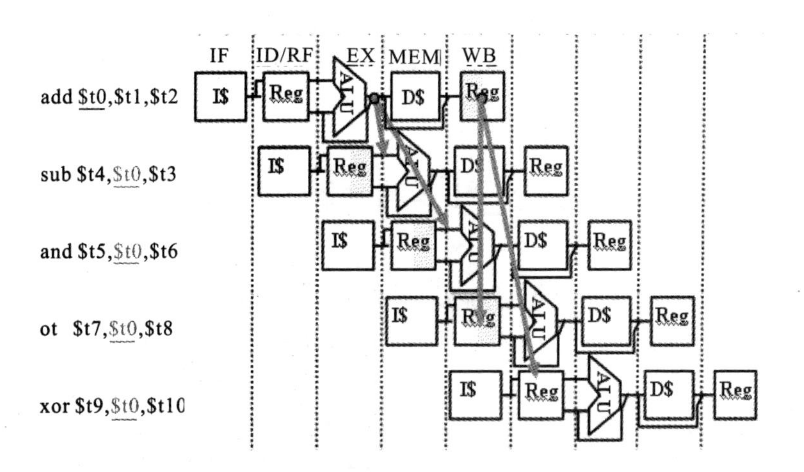


图 7-9　前馈方式解决数据困境

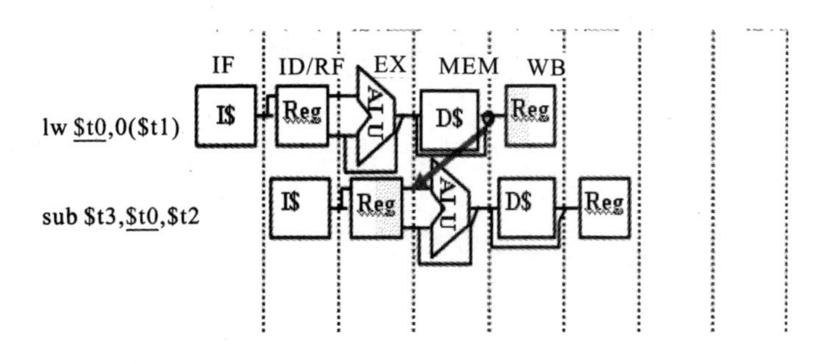


图 7-10　前馈无法解决的数据困境

依赖于 load 的指令，然后再进行前馈（需要更多硬件）。也就是在该指令后插入一个“气泡”，让处理器在该阶段执行一个空指令，这样就可以实现硬件阻塞的流水线，称为“互锁”(interlock)。硬件阻塞的流水线如图 7－11 所示。

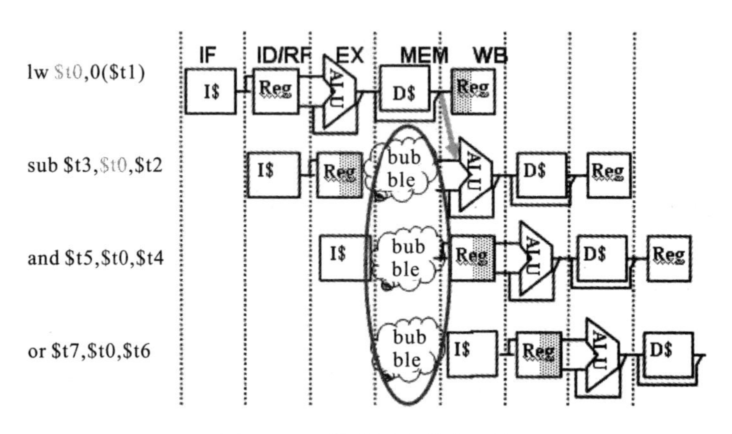


图 7－11　硬件阻塞的流水线

load 之后的指令槽称为“load delay slot”，如果其后指令使用 load 的结果，则硬件互锁(interlock) 将阻塞该指令一个周期。我们知道硬件阻塞延时槽中的指令与在槽中放一个 nop 等价（图 7－12），那么如果编译器在槽中放了一个无关的指令，则不阻塞（只是后者使用更多的程序空间），从而一定程度上提高程序的效率。

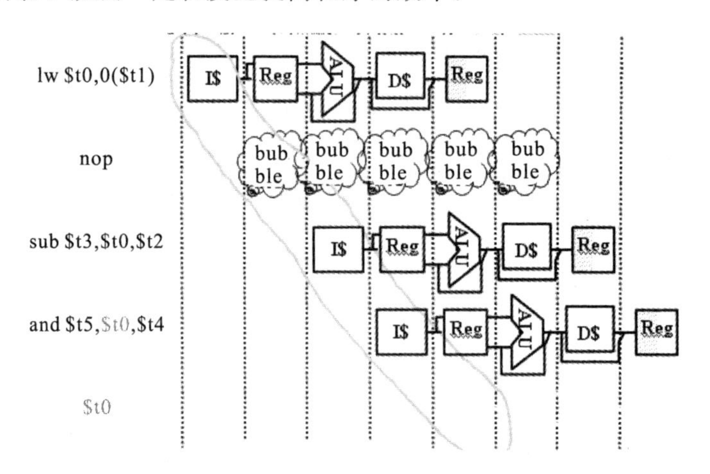


图 7－12　加入 nop 解决数据困境

# 第八章　存储设计

## 第一节　高速缓冲存储器（cache）

在计算机中存储可以分为多个层次：处理器中寄存器文件，约 100 个字节，访问时间为纳秒级；内存具有更大的容量（G 字节），访问时间为 50～100ns，需要几百个时钟周期；硬盘容量巨大，且可以多个叠在一起，访问是毫秒级，非常慢。内存是分层的，层次越靠近处理器，存储容量越小，单位容量的价格越贵，速度越快。上层存储的内容通常是下层的子集，其所写的内容是最近使用的数据（包含最近使用的数据）。最底层（通常是磁盘）包含所有数据，内存层次展现给处理器的幻象是一个很大且很快的内存，如图 8－1 所示。

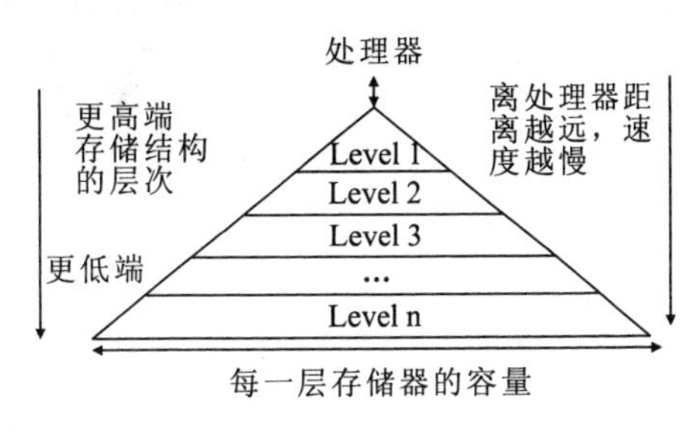


图 8－1　存储层次

随着 CPU 的发展，CPU 与内存即 memory 之间的差距越来越大，这个差距以每年 50％的速度在增加，如图 8－2 所示。

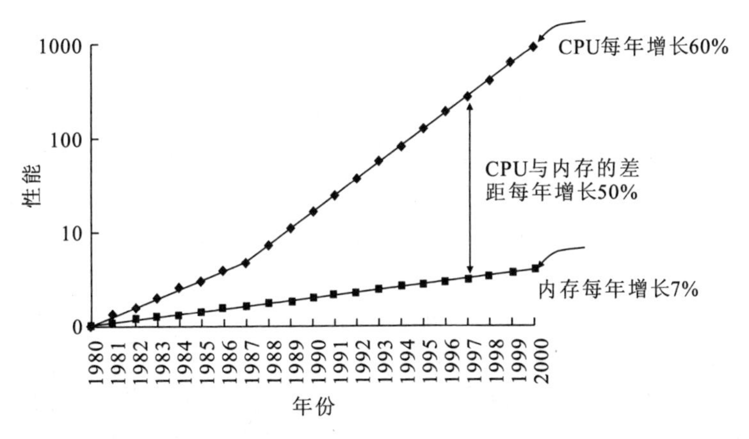


图 8－2　CPU 与内存的差距与日俱增

现在实际设计时由于处理器的速度和内存访问速度的巨大差异，使得内存访问指令上所花的时间比其他指令慢了两个量级，为了克服两者之间的不匹配，人们提出了在计算机结构中加入一层存储——内存的缓存（高速缓冲存储器 cache）。1989 年 Intel 在其 CPU 首次配置了片上 cache，其后 1998 年在 Pentium III 芯片上有两级缓存。缓存采用和 CPU 一样的集成电路技术实现，通常集成在同一芯片上，因此访问速度极快，当然比内存更贵。Cache 是主存的子集的一个拷贝，大多数处理器都含有独立的指令缓存和数据缓存。

如果拿存储层次与图书馆比拟（图 8－3）：

在图书馆的桌子上写论文（处理器）。

图书馆等价于磁盘，基本上具有无限容量，取一本书很慢。

桌面是主存，容量小，桌面放满了书时，需要还回去，一旦书已经取到桌子上，查书更快一些。

图 8－3　图书馆

桌面上翻开的书是缓存，容量更小，桌面上能翻开的书比桌面上书的总量更少。同样，当桌面翻开的书达到一定数量的时候，须合上一本书，获取速度相比桌面上未翻开的书更快。

幻象：整个图书馆都在桌面上翻开了，在桌面上保持尽量多的、最近使用的书为翻开状态，因为可能还会使用。同时在桌上尽量多放一些书，因为这比到图书馆的书架上取书要快。

Cache 加入计算机结构后，能加快计算机访问内存的速度，其根本原因在于计算机程序在进行数据访问时具有时空局部性。所谓时间局部性是指刚使用过的数据，可能不久还会用；空间局部性是指刚访问过的某段内存数据，很可能一会儿还要使用该数据附近的数据。存储层次中 cache 包含内存中最近使用的数据的一个拷贝，内存包含磁盘中最近使用数据的一个拷贝。

由于 cache 是内存的一个子集，因此多个内存地址将映射到 cache 的同一位置。如何知道 cache 中存放的是哪个内存单元的数据？如何快速找到它们？

直接映射 cache 中，对每个具体的内存地址，只可能与 cache 中的某个确定块 block 关联。因此如果内存中的数据在 cache 中，只用查找 cache 中的某个特定位置即可 cache 与内存间传送数据的单位：块（block），如图 8－4 所示。

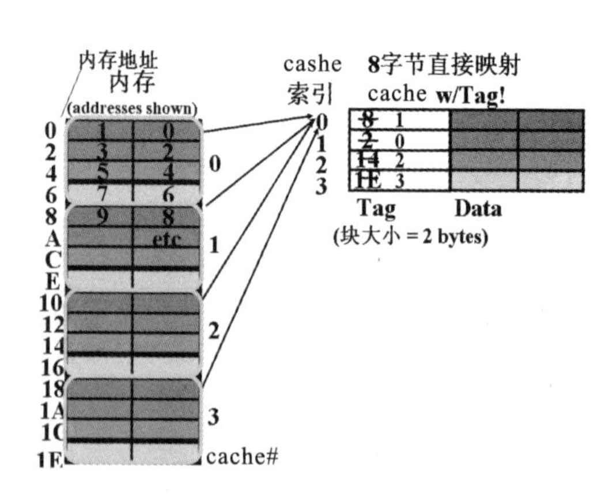


图 8－4　直接映射 cache 映射示例

在块大小为 8 字节的 cache 中，cache 0 位置的数据只能来源于：内存位置 0，

8，16，…，即任何为 8 的倍数的地址。

由于多个内存地址映射到同一 cache 编号，如何知道 cache 中的数据是哪个内存的？采取的办法是将内存地址分为 3 段：

| Tag | Index | Offset |
| --- | --- | --- |

直接映射 cache 名词中所有字段都是无符号整数：Index 指定 cache 编号（需要找 cache 哪一行/块）；Offset 在找到正确的块后，指定需要块中哪个字节；Tag 是偏移量（offset）和编号（index）确定后，余下的位用于区分映射到同一 cache 位置的所有地址。

例如：假定直接映射 cache 中有 8 字节数据，块大小是 2 字节，当使用 32 位机时，请确定 tag，index 和 offset 字段的位数。

解：Offset 偏移需要指定块中具体字节，一个块包含 2 字节＝$2^1$ 字节，因此需要 1 位来指定正确的字节。Index 需要指定 cache 中的正确块，cache 包含 8B＝$2^3$bytes，块包含 2B＝$2^1$bytes。

blocks/cache ＝（bytes/cache）/（bytes/block）

＝（$2^3$bytes/cache）/（$2^1$bytes/block）

＝$2^2$bytes/cache

所以需要 2 位来指定这么多的块。

余下的位记 tag：

tag length＝addr length－offset－ index＝32－1－2bits＝29bits

因此 tag 是内存地址的左边 29 位。

## 第二节　cache 索引

当读内存时，可能发生以下 3 种情况。

（1）cache hit：cache 块有效，且包含正确的地址，故可读取所需的字。

（2）cache miss：所需的 cache 块中没有任何内容，故从内存中读取。

（3）cache miss，block replacement：所需的 cache 块中不是所需要的数据，故剔除并从内存中取出所要的数据。

例如：直接映射 cache 的数据访问。

在 16KB 数据当中，块长为 4 字，直接映射读取地址分别 0x00000014，0x0000001C，0x00000034，0x00008014 的数据，内存地址及数据如图 8－5 所示。

| 内存地址 (hex) | 数据 |
| --- | --- |
| … | … |
| 00000010 | a |
| 00000014 | b |
| 00000018 | c |
| 0000001C | d |
| … | … |
| 00000030 | e |
| 00000034 | f |
| 00000038 | g |
| 0000003C | h |
| … | … |
| 00008010 | i |
| 00008014 | j |
| 00008018 | k |
| 0000801C | l |
| … | … |

图 8－5　内存地址及所存储的数据

将 4 个地址分为 Tag，Index，offset 3 段：

| Tag | Index | Offset |
| --- | --- | --- |
| 000000000000000000 | 0000000001 | 0100 |
| 000000000000000000 | 0000000001 | 1100 |
| 000000000000000000 | 0000000011 | 0100 |
| 000000000000000010 | 0000000001 | 0100 |

16 KBcache 直接映射，每块 16B。在 cache 中每行都有

一个有效位，可确定在该行中是否存有数据（当计算机首次启动时，所有的都是无效的）（图 8－6）。

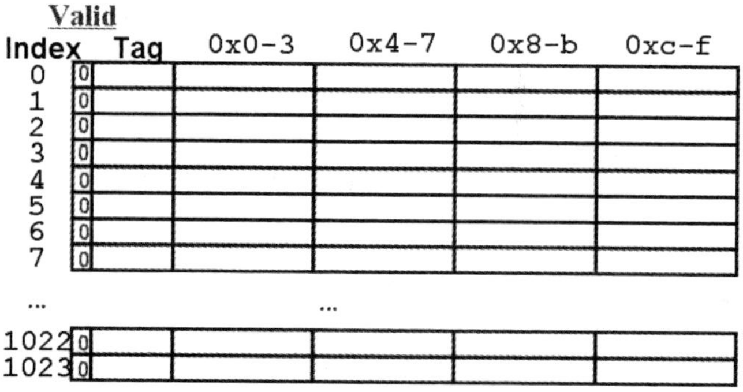

图 8－6　cache 结构

1. 读内存 0x00000014（图 8－7）

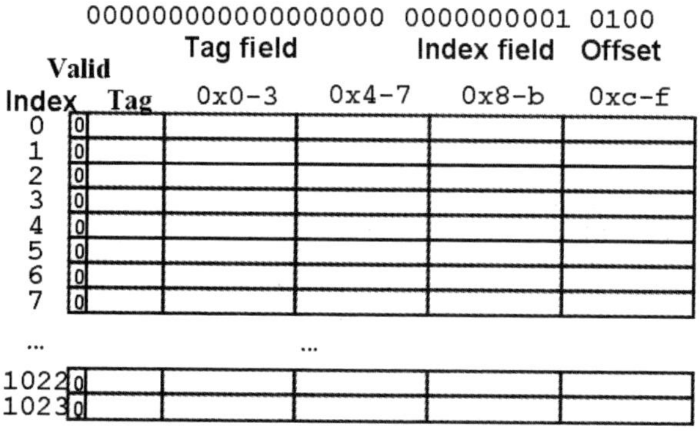

图 8－7　初始时刻 cache 结构

因此读块 1（0000000001）（图 8－8）。

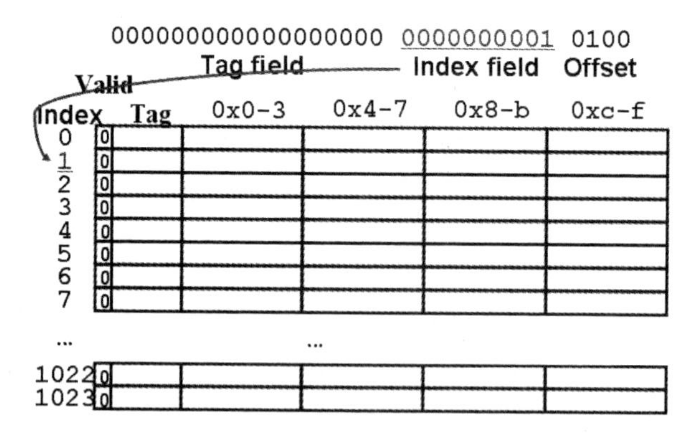


图 8－8　查看 cache 中是否有所需数据

没有 valid 数据，因此从内存中将数据读入 cache 中，设置 tag，valid（图 8－9）。

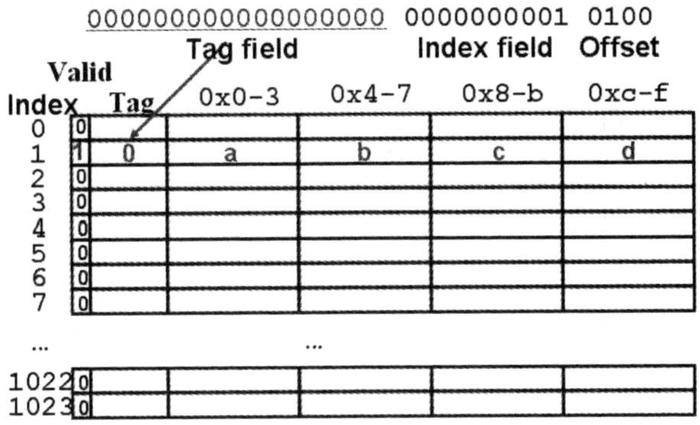

000000000000000000 0000000001 0100

Tag field　Index field　Offset

| Index | Valid | Tag | 0x0-3 | 0x4-7 | 0x8-b | 0xc-f |
|---|---|---|---|---|---|---|
| 0 | 0 | | | | | |
| 1 | 1 | 0 | a | b | c | d |
| 2 | 0 | | | | | |
| 3 | 0 | | | | | |
| 4 | 0 | | | | | |
| 5 | 0 | | | | | |
| 6 | 0 | | | | | |
| 7 | 0 | | | | | |
| ... | | | ... | | | |
| 1022 | 0 | | | | | |
| 1023 | 0 | | | | | |

图 8－9　从内存读入数据到 cache 中

再从 cache 偏移处读数据，返回字 b（图 8－10）。

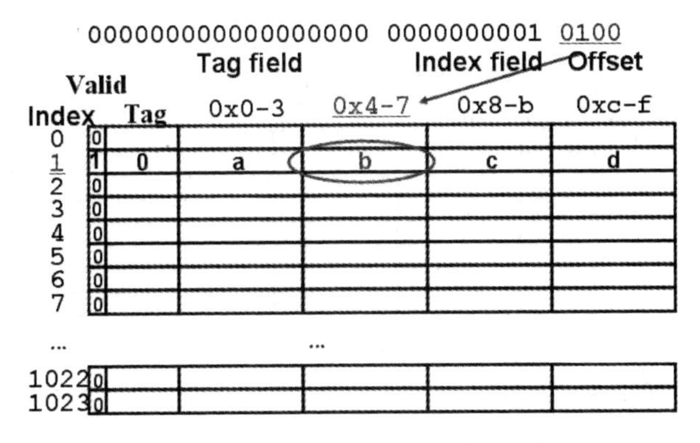


图 8－10　从 cache 偏移处读入数据

2. 读 0x0000001C＝0…00 0…001 1100（图 8－11）

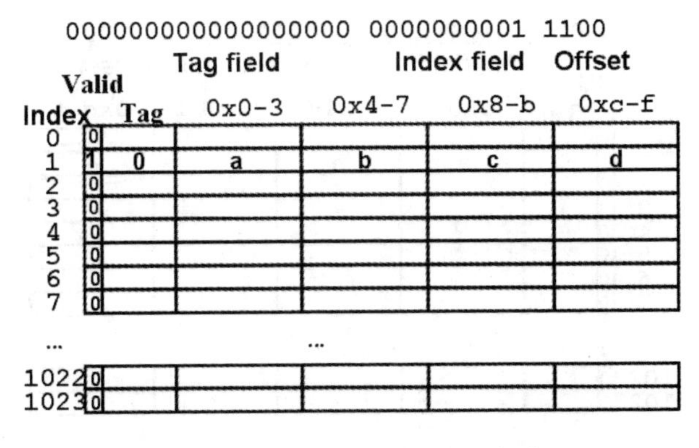


图 8－11　初始时刻 cache 的状态

此时 Index 有效（图 8－12）。

000000000000000000 0000000001 1100

Tag field　Index field　Offset

| Index | Valid | Tag | 0x0-3 | 0x4-7 | 0x8-b | 0xc-f |
|---|---|---|---|---|---|---|
| 0 | 0 | | | | | |
| 1 | 1 | 0 | a | b | c | d |
| 2 | 0 | | | | | |
| 3 | 0 | | | | | |
| 4 | 0 | | | | | |
| 5 | 0 | | | | | |
| 6 | 0 | | | | | |
| 7 | 0 | | | | | |
| ... | | | ... | | | |
| 1022 | 0 | | | | | |
| 1023 | 0 | | | | | |

图 8-12　检查 cache 中是否有数据

Index 有效，进行 Tag 匹配（图 8-13）。

000000000000000000 0000000001 1100

Tag field　Index field　Offset

| Index | Valid | Tag | 0x0-3 | 0x4-7 | 0x8-b | 0xc-f |
|---|---|---|---|---|---|---|
| 0 | 0 | | | | | |
| 1 | 1 | 0 | a | b | c | d |
| 2 | 0 | | | | | |
| 3 | 0 | | | | | |
| 4 | 0 | | | | | |
| 5 | 0 | | | | | |
| 6 | 0 | | | | | |
| 7 | 0 | | | | | |
| ... | | | ... | | | |
| 1022 | 0 | | | | | |
| 1023 | 0 | | | | | |

图 8-13　查看 cache 中的数据是否所需要的

Index 有效，Tag 匹配，返回 d（图 8-14）。

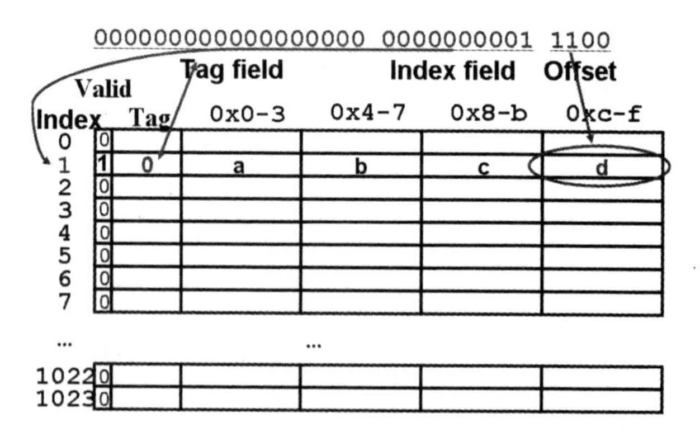


图 8-14　cache 中数据是所需要的返回偏移处的数据

3. 读 0x00000034＝0…00 0…011 0100（图 8－15）

000000000000000000 0000000011 0100

Tag field　Index field　Offset

| Index | Valid | Tag | 0x0-3 | 0x4-7 | 0x8-b | 0xc-f |
|---|---|---|---|---|---|---|
| 0 | 0 | | | | | |
| 1 | 1 | 0 | a | b | c | d |
| 2 | 0 | | | | | |
| 3 | 0 | | | | | |
| 4 | 0 | | | | | |
| 5 | 0 | | | | | |
| 6 | 0 | | | | | |
| 7 | 0 | | | | | |
| … | | | | … | | |
| 1022 | 0 | | | | | |
| 1023 | 0 | | | | | |

图 8－15　初始时刻 cache 状态

因此读 3 号块（图 8－16）。

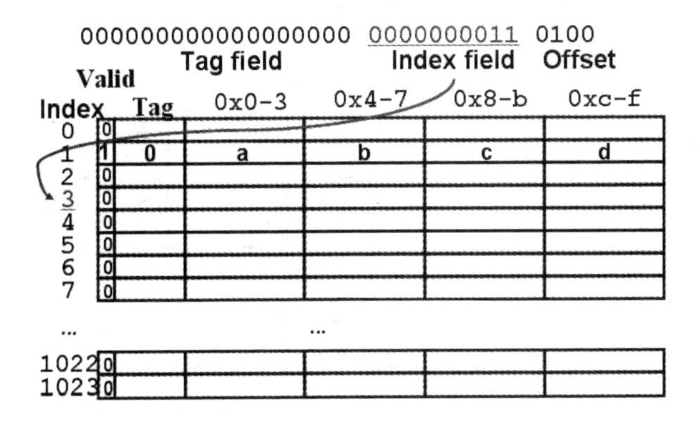


图 8－16　根据内存地址，查看 cache 中是否有数据

无效数据，因此从内存装入 cache 块，返回字 f（图 8－17）。

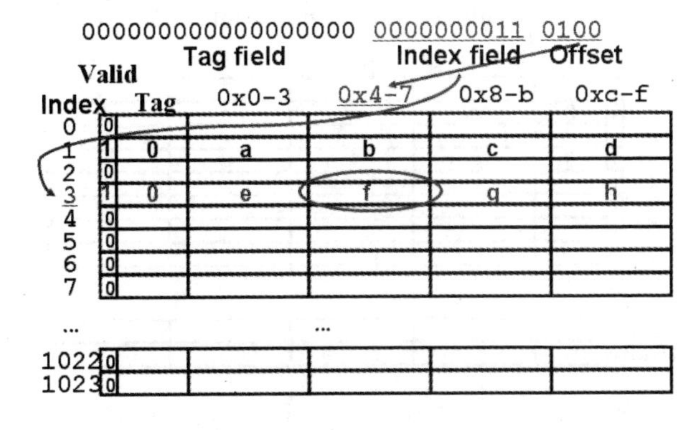


图 8－17　cache 中无数据，从内存中装入，并返回偏移地址处的数据

4. 读 0x00008014＝0…10 0…001 0100（图 8－18）

000000000000000010 0000000001 0100
Tag field　Index field　Offset

| Index | Valid | Tag | 0x0-3 | 0x4-7 | 0x8-b | 0xc-f |
|---|---|---|---|---|---|---|
| 0 | 0 | | | | | |
| 1 | 1 | 0 | a | b | c | d |
| 2 | 0 | | | | | |
| 3 | 1 | 0 | e | f | g | h |
| 4 | 0 | | | | | |
| 5 | 0 | | | | | |
| 6 | 0 | | | | | |
| 7 | 0 | | | | | |
| … | | | | … | | |
| 1022 | 0 | | | | | |
| 1023 | 0 | | | | | |

图 8－18　读数据前 cache 状态

因此读 1 号 cache 块，数据有效（图 8－19）。

000000000000000010 0000000001 0100
Tag field　Index field　Offset

| Index | Valid | Tag | 0x0-3 | 0x4-7 | 0x8-b | 0xc-f |
|---|---|---|---|---|---|---|
| 0 | 0 | | | | | |
| 1 | 1 | 0 | a | b | c | d |
| 2 | 0 | | | | | |
| 3 | 1 | 0 | e | f | g | h |
| 4 | 0 | | | | | |
| 5 | 0 | | | | | |
| 6 | 0 | | | | | |
| 7 | 0 | | | | | |
| … | | | | … | | |
| 1022 | 0 | | | | | |
| 1023 | 0 | | | | | |

图 8－19　根据内存地址，查看对应 cache 块中是否有数据

1 号 cache 块的 Tag 不匹配（0！＝2）（图 8－20）。

000000000000000010 0000000001 0100
Tag field　Index field　Offset

| Index | Valid | Tag | 0x0-3 | 0x4-7 | 0x8-b | 0xc-f |
|---|---|---|---|---|---|---|
| 0 | 0 | | | | | |
| 1 | 1 | 0 | a | b | c | d |
| 2 | 0 | | | | | |
| 3 | 1 | 0 | e | f | g | h |
| 4 | 0 | | | | | |
| 5 | 0 | | | | | |
| 6 | 0 | | | | | |
| 7 | 0 | | | | | |
| … | | | | … | | |
| 1022 | 0 | | | | | |
| 1023 | 0 | | | | | |

图 8－20　cache 中有数据，但与内存地址不匹配

1 号 cache 块的 Tag 不匹配（0！＝2）（图 8－21）。

Miss，因此用内存中新的数据替换，并修改 tag。

000000000000000010 0000000001 0100

Tag field　Index field　Offset

| Index | Valid | Tag | 0x0-3 | 0x4-7 | 0x8-b | 0xc-f |
|---|---|---|---|---|---|---|
| 0 | 0 | | | | | |
| 1 | 1 | 2 | i | j | k | l |
| 2 | 0 | | | | | |
| 3 | 1 | 0 | e | f | g | h |
| 4 | 0 | | | | | |
| 5 | 0 | | | | | |
| 6 | 0 | | | | | |
| 7 | 0 | | | | | |
| ... | | | ... | | | |
| 1022 | 0 | | | | | |
| 1023 | 0 | | | | | |

图 8-21　从内存中装入数据到 cache，替换原数据，并修改 tag

然后返回字“j”（图 8-22）。

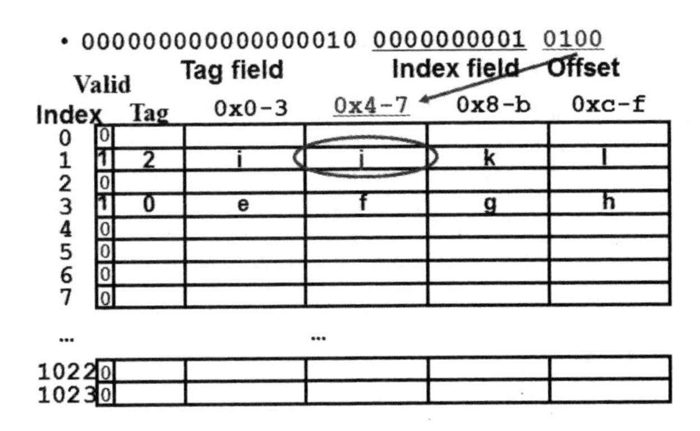


图 8-22　从 cache 对应的偏移处取出数据，并返回

## 第三节　内存读写

当写 cache 命中时，有两种方式来更新内存：一种是同时写内存与 cache，称之为“写内存”方式；另外一种是只写 cache，称之为“写回”方式。写回过程中允许内存中的字为“dirty”，在每个块中增加一个“dirty”位，以表明当该 cache 块被替换时，需要更新内存，操作系统在进行输入输出前，需要刷新 cache。

以块的形式来访问有以下优点：程序访问具有空间局部性，即如果访问给定字，可能很快会访问附近的其他字；由于执行一条指令，极有可能会执行接下来的几条指令，因此更适用于存储程序概念；适用于线性数组的访问。但是容量块选择过大会增加访问缺失，需要花更长的时间从内存中装入新块，块大则块的数量就少，访问缺失率就上升。举个极端例子：一个大块。

| Valid | Bit | Tag | cache Data | | | |
|---|---|---|---|---|---|---|
| | | | B3 | B2 | B1 | B0 |

cache 大小为 4 字节，块大小选择为 4 字节，这样 cache 中只有一项（行）。因为数据访

问后，很可能过一会还会访问，但不太可能立即访问，下一次访问可能再次失败，不断装入数据到 cache 中，但在再次使用之前丢弃了数据（被迫）。这就是 cache 设计者的噩梦：Ping Pong 效果。

因此块大小选择要适中，总的来说，就是要最小化平均访问时间：

Average Memory Access Time（AMAT）＝Hit Time＋Miss Penalty×Miss Rate

其中：Hit Time＝从 cache 中找到并提取数据所花的时间；

Miss Penalty＝在当前层失败时，取数据所花的平均时间（包括在下一层也出现 misses 的可能性）；

Hit Rate＝在当前 cache 层找到所需数据的百分比；

Miss Rate＝1－Hit Rate。

图 8－23 就是各因素随块大小的变化：

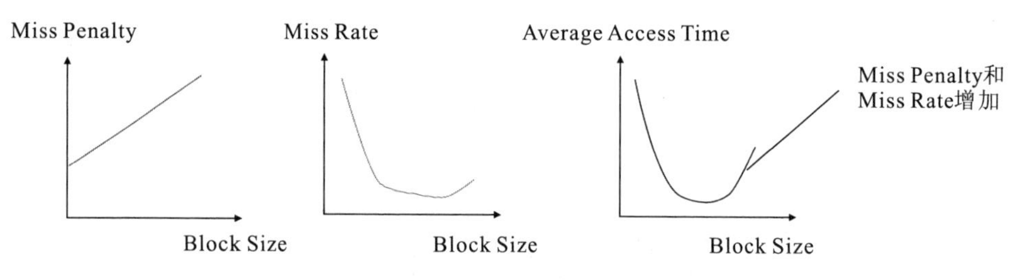


图 8－23　Miss 率、Miss 惩罚和平均访问时随块大小变化曲线

## 一、失败访问类型

访问失败的 3 种类型：

第 1 类为必然的访问失败。当程序首次启动时，cache 中还没有程序的任何数据，因此 misses 必然发生，无法避免，因此，在本书中将不关注这一点。

第 2 类为冲突导致访问失败。因为两个不同的内存地址映射到相同的 cache 地址而发生的失败，两个块可能不断互相覆盖（不幸地映射到同一位置），这是“直接映射 cache”的主要问题，因此要尽量减小这个效果。解决方案：①增加 cache，但是这样效果有限，因为总会在某处失效；②将多个不同的块映射到同样的 cache 索引。

全关联 cache 是内存地址有 tag 以及 offset 字段，但没有 index，每个块都可以映射到 cache 的任一行，必须要比较整个 cache 的所有行来发现数据是否在 cache 中。

图 8－24 是 32B 块全关联 cache，进行并行比较 tag。

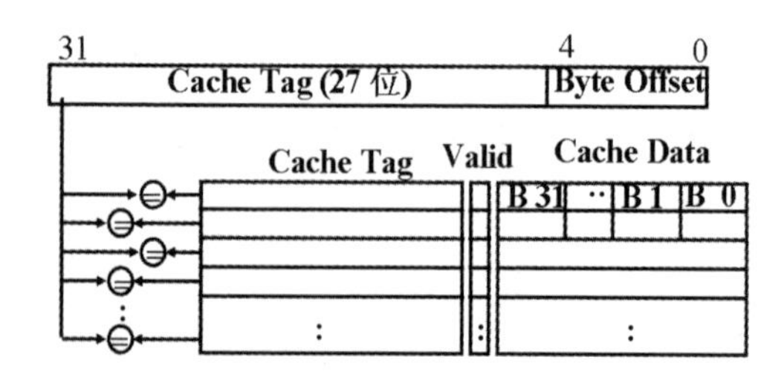


图 8－24　全关联、并行比较 cache

全关联 cache 不存在因冲突（因数据可在任何地方）而产生的 miss，但是需要硬件比较器来比较所有入口。如果在 cache 中有 64KB 数据，4B 偏移，需要 16K 比较器。

例如：全关联 cache 的数据访问 6 个地址：0x00000014，0x0000001C，0x00000034，0x00008014，0x00000030，0x0000001C。为方便起见，6 地址分解为 Tag，字节偏移两个域如下：

| Tag | Offset |
|---|---|
| 0000000000000000000000000001 | 0100 |
| 0000000000000000000000000001 | 1100 |
| 0000000000000000000000000011 | 0100 |
| 0000000000000000100000000001 | 0100 |
| 0000000000000000000000000011 | 0000 |
| 0000000000000000000000000001 | 1100 |

假如全关联 cache 字号为 16KB，16B/块，其中有效位是确定该行是否存有数据（当计算机初始化时，所有行都为 invalid）。

1. 读 0x00000014（图 8－25）

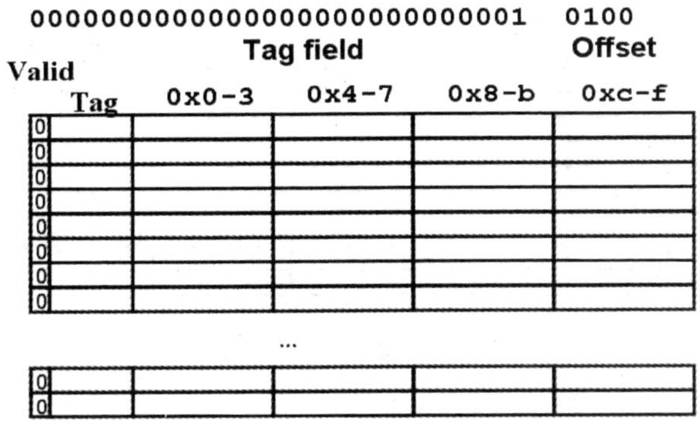

图 8－25　全关联 cache 初始状态

找与 tag 匹配的块（00…001），初始时刻全部无效。故找不到，因此找到另一个空白块填充（图 8－26）。

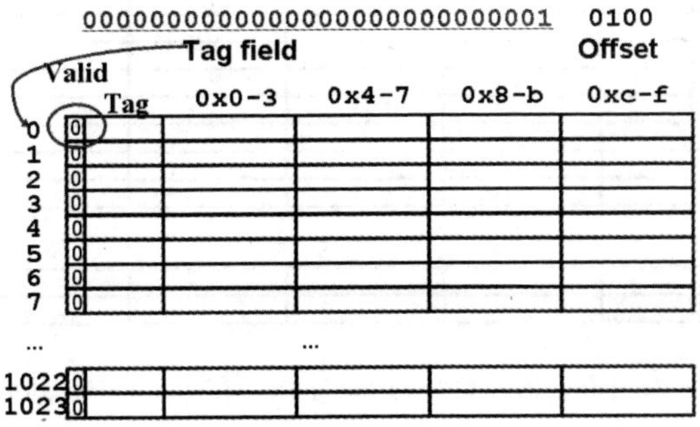

图 8－26　未找到与内存地址匹配的 cache，从 cache 中找到首个空白块

装入数据到 cache 中，设置 tag、valid（图 8－27）。

0000000000000000000000000001　0100

Tag field　　Offset

| Valid | Tag | 0x0-3 | 0x4-7 | 0x8-b | 0xc-f |
|---|---|---|---|---|---|
| 1 | 1 | a | b | c | d |
| 0 | | | | | |
| 0 | | | | | |
| 0 | | | | | |
| 0 | | | | | |
| 0 | | | | | |
| 0 | | | | | |
| 0 | | | | | |
| … | | | | | |
| 0 | | | | | |
| 0 | | | | | |

图 8－27　从内存装入数据到 cache，并设置 tag、valid

在偏移地址处得到数据（0100）（图 8－28）。

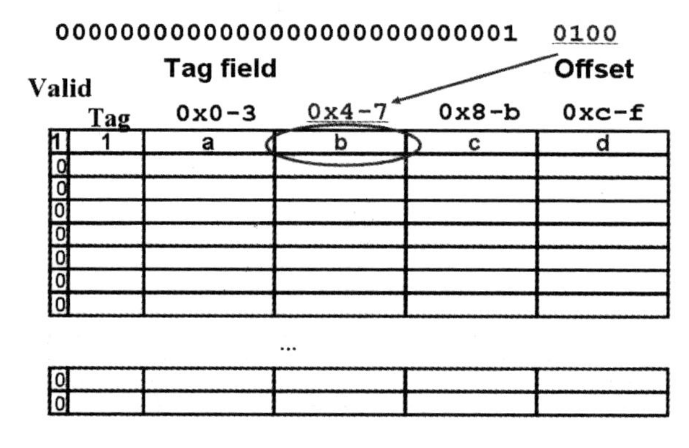


图 8－28　从偏移地址处得到数据

2. 读 0x0000001C＝0…00 0…001 1100

在 cache 中找 tag（图 8－29），在 cache 中找到数据。

0000000000000000000000000001　1100

Tag field　　Offset

| Valid | Tag | 0x0-3 | 0x4-7 | 0x8-b | 0xc-f |
|---|---|---|---|---|---|
| 1 | 1 | a | b | c | d |
| 0 | | | | | |
| 0 | | | | | |
| 0 | | | | | |
| 0 | | | | | |
| 0 | | | | | |
| 0 | | | | | |
| 0 | | | | | |
| … | | | | | |
| 0 | | | | | |
| 0 | | | | | |

图 8－29　根据内存地址的 tag 字段，在 cache 中找到数据

从偏移处取出数据（1100）（图 8－30）。

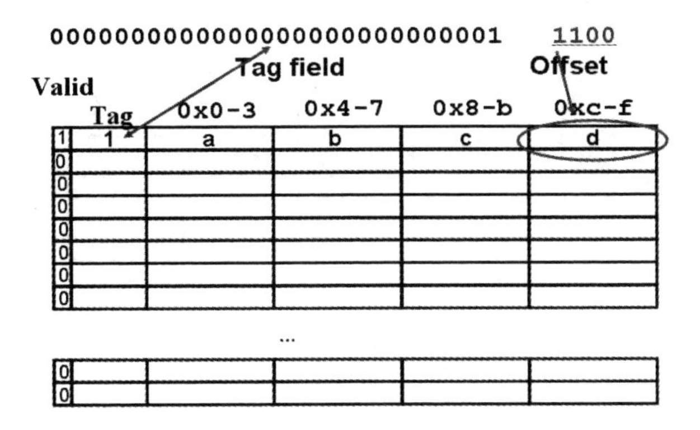


图 8-30　直接从 cache 的偏移处取得数据

3. 读 0x00000034＝0…000…011 0100

在 cache 中找 tag 3（0011）（图 8-31）。

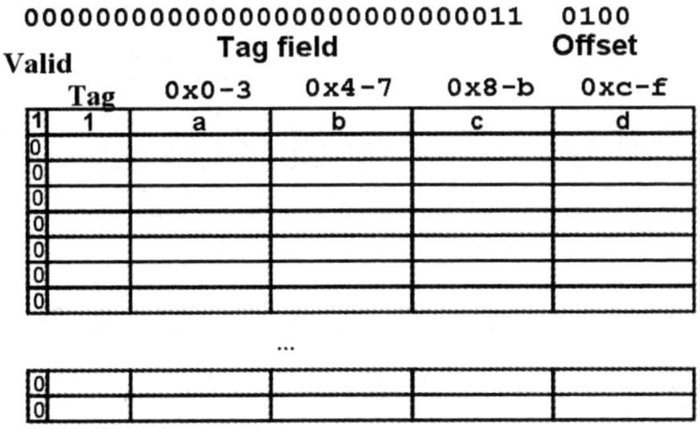

0000000000000000000000000011　0100

Tag field　Offset

| Valid | Tag | 0x0-3 | 0x4-7 | 0x8-b | 0xc-f |
|---|---|---|---|---|---|
| 1 | 1 | a | b | c | d |
| 0 | | | | | |
| 0 | | | | | |
| 0 | | | | | |
| 0 | | | | | |
| 0 | | | | | |
| 0 | | | | | |
| 0 | | | | | |
| ... | | | | | |
| 0 | | | | | |
| 0 | | | | | |

图 8-31　根据内存地址的 tag 字段，在 cache 中查找

没找到（0011）。

从内存装入数据到 cache 中，设置 tag、valid（图 8-32）。

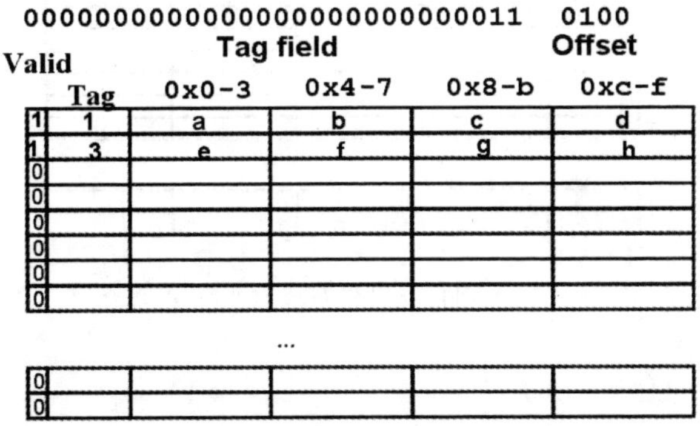

0000000000000000000000000011　0100

Tag field　Offset

| Valid | Tag | 0x0-3 | 0x4-7 | 0x8-b | 0xc-f |
|---|---|---|---|---|---|
| 1 | 1 | a | b | c | d |
| 1 | 3 | e | f | g | h |
| 0 | | | | | |
| 0 | | | | | |
| 0 | | | | | |
| 0 | | | | | |
| 0 | | | | | |
| 0 | | | | | |
| ... | | | | | |
| 0 | | | | | |
| 0 | | | | | |

图 8-32　从内存装入数据到 cache 中设置 tag、valid

从偏移处取数据（0100）（图 8-33）。

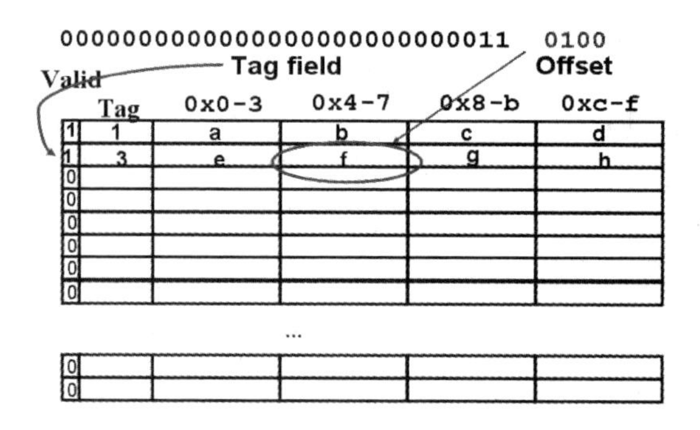


| Valid | Tag | 0x0-3 | 0x4-7 | 0x8-b | 0xc-f |
|---|---|---|---|---|---|
| 1 | 1 | a | b | c | d |
| 1 | 3 | e | f | g | h |
| 0 | | | | | |
| 0 | | | | | |
| 0 | | | | | |
| 0 | | | | | |
| 0 | | | | | |
| 0 | | | | | |
| … | | | | | |
| 0 | | | | | |
| 0 | | | | | |

图 8－33 从 cache 偏移处读取数据

4. 读 0x00008014＝0…10 0…001 0100

在 cache 中找 tag（0x801），没找到（图 8－34）。

0000000000000000100000000001 0100

Tag field Offset

| Valid | Tag | 0x0-3 | 0x4-7 | 0x8-b | 0xc-f |
|---|---|---|---|---|---|
| 1 | 1 | a | b | c | d |
| 1 | 3 | e | f | g | h |
| 0 | | | | | |
| 0 | | | | | |
| 0 | | | | | |
| 0 | | | | | |
| 0 | | | | | |
| 0 | | | | | |
| … | | | | | |
| 0 | | | | | |
| 0 | | | | | |

图 8－34 在 cache 中找 tag

因此，内存从装入数据到 cache 中，设置 tag、valid（图 8－35）。

0000000000000000100000000001 0100

Tag field Offset

| Valid | Tag | 0x0-3 | 0x4-7 | 0x8-b | 0xc-f |
|---|---|---|---|---|---|
| 1 | 1 | a | b | c | d |
| 1 | 3 | e | f | g | h |
| 1 | 801 | i | j | k | l |
| 0 | | | | | |
| 0 | | | | | |
| 0 | | | | | |
| 0 | | | | | |
| 0 | | | | | |
| … | | | | | |
| 0 | | | | | |
| 0 | | | | | |

图 8－35 从内存装入数据到 cache，设置各项

从 cache 中取数据（图 8－36）。

第 3 类为 Cache 缺失损失。

因为 cache 容量有限而产生的缺失损失，如果增加 cache 大小，缺失损失就会降低，对全关联 cache 来说这却是根本性的，对此我们采用 N 路集合关联 cache。

N 路集合关联 cache 的内存地址字段分为：Tag，Offset 和 Index，Index 是指向正确的

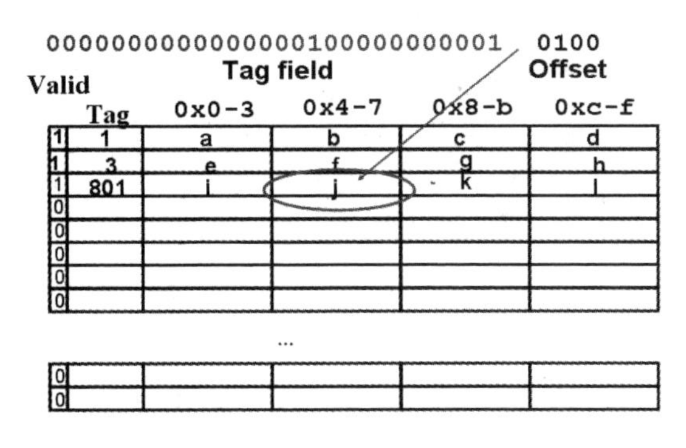


图 8-36　从 cache 偏移处取数据

行“row”（此处称为集合）。每个集合包含多个块，当找到正确的块后，需要比较该集合中的所有 tag 以查找数据。基本思想：对于集合而言 cache 是直接映射的，每个集合内部则是全关联的，基本上是 N 路并行工作的直接映射 cache：每一路都有其自己的有效位和数据。图 8-37 是一个 2 路集合关联 cache。

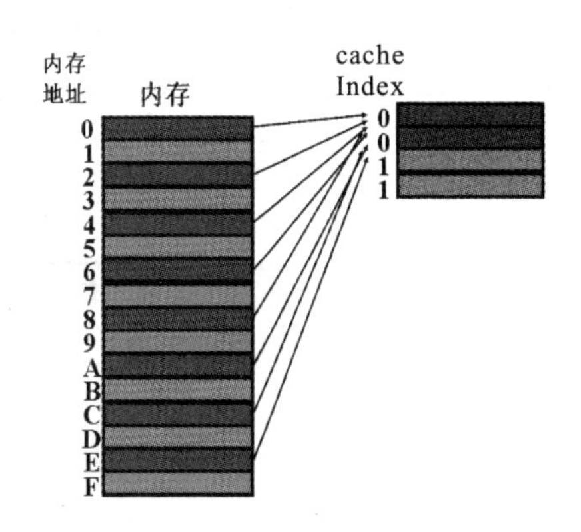


图 8-37　一个简单的 2 路集合关联 cache

这种方式的内存地址过程是使用 Index 找到正确的集合，在所找到的集合中比较所有的 tag，如果找到就“hit!”，否则“miss”。最后使用偏移字段在块中找到所需的数据。这种方式的优点是避免很多冲突型（conflict）miss，并且硬件费用不是很高，只需要 N 个比较器。

事实上，对一个 M 块的 cache，如果 1 路集合关联，它是直接映射；如果 M 路集合关联，它是全关联。因此，这两种情况只是更一般的集合关联设计的特例（图 8-38）。

## 二、块替换策略

当发生缺失时，直接映射 cache 中 index 完成指定某个块可以写到的位置；在 N 路集合关联中，index 指定一个集合，块可以写到集合中的任意位置；而在全关联中，块可以写到整个 cache 的任意位置。如果有空位，通常总是写到第一个空位。但是如果所有可能位置都存在有效块（即有数据），这就需要选择一种替换策略来决定当 miss 发生时，替换哪个块。

LRU（Least Recently Used）的思想是替换最近使用最少的块（读或写）。这是根据时间局部性，即最近使用的将来还会使用，这是非常有效的策略。这对于 2 路集合关联，容易跟踪，因为只有一个 LRU 位；但对于 4 路或更多路，需要复杂的硬件和更多时间来跟踪。

最小化平均内存访问时间是关联方法，块大小、块替换和写策略的选择的依据，就是在受技术和程序特性的制约下，产生了一个内存景象：容量大，便宜，速度快。因此设计的性能模型：最小化平均内存访问时间＝Hit Time＋Miss Penalty×Miss Rate。

1. 改进 Miss Penalty

当 cache 刚开始流行时，Miss Penalty 约为 10 个处理器时钟周期。现在处理器能达到

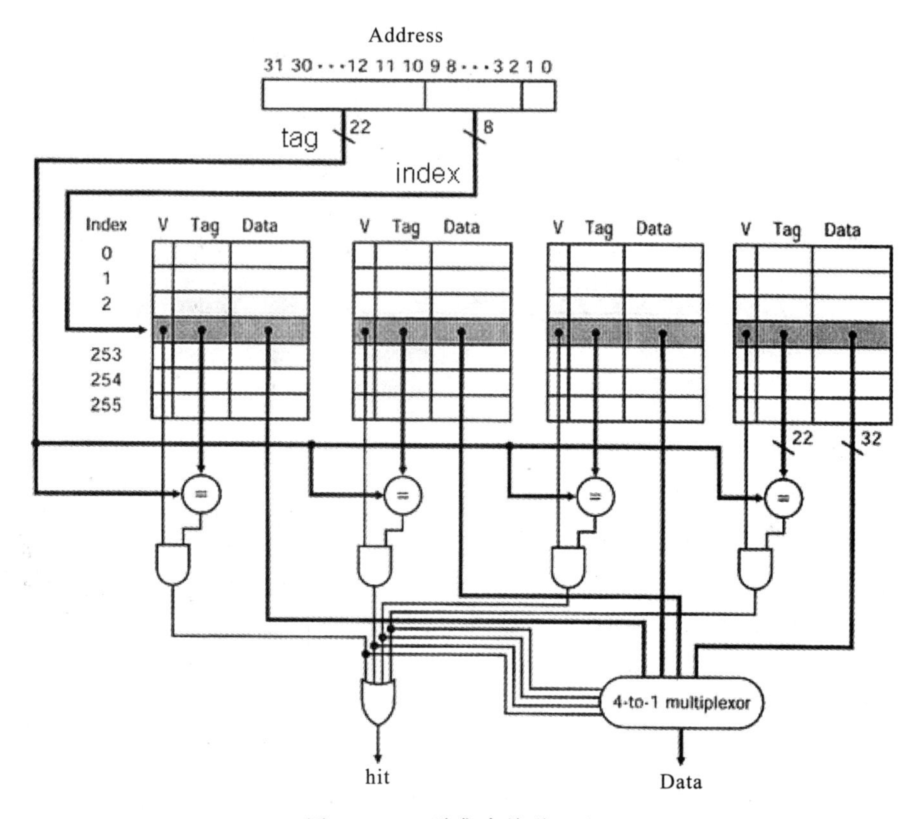


图 8-38　4 路集合关联 cache

2400 MHz（每个时钟周期为 0.4 ns），但 DRAM 访问时间为 80ns，200 个处理器时间。为了减少访问时间，在内存和处理器 cache 中加一层 cache：二级缓存（L2）cache，如图 8-39 所示是二级 cache 结构。

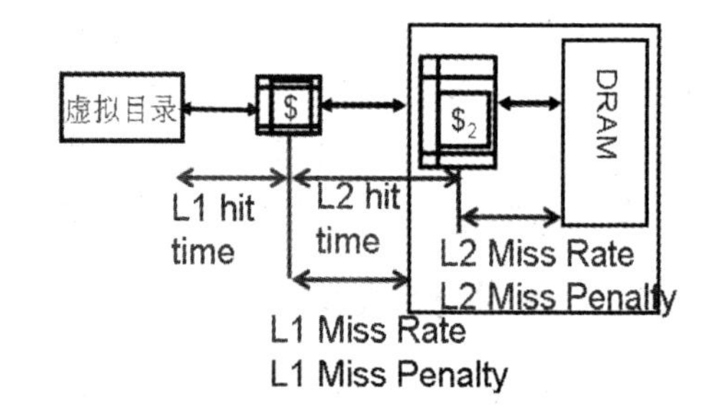


图 8-39　二级 cache 结构及其访问时间

二级缓存（L2）cache 中：

平均内存访问时间＝L1 Hit Time＋L1 Miss Rate＊L1 Miss Penalty

L1 Miss Penalty ＝ L2 Hit Time ＋ L2 Miss Rate＊L2 Miss Penalty

平均内存访问时间＝L1 Hit Time＋L1 Miss Rate＊（L2 Hit Time＋L2 Miss Rate＊L2 Miss Penalty）

例：假定 Hit Time＝1 周期，Miss rate＝5%，Miss penalty＝20 周期。

则：平均内存访问时间＝1＋0.05×20＝1＋1cycle＝2cycles。

2. 减少 Miss Rate 的方法

如果增大 cache，那么一级缓存的 hit 时间会增加，因为更大的 cache 会更慢，因此这种方法很有限。对此采取 cache 在更多的位置中安放内存块：对全关联、块可以放到任意一行；N 路集合关联，每个块都可以放到 N 个位置。

例：由 L1，L2 两种规模的 cache 组成的二级缓存。

L1 ：

大小：数十 kB

hit time：一个周期内完成

miss rates：1%～5%

L2：

size：数百 kB

hit time：几个周期

miss rates：10%～20%

假定：

L1 Hit Time＝1 cycle

L1 Miss rate＝5%

L2 Hit Time＝5 周期

L2 Miss rate＝15%（% L1 misses that miss）

L2 Miss Penalty＝200 周期

L1 miss penalty＝5＋0.15×200＝35

平均访问内存时间＝1＋0.05×35＝2.75cycles

如果没有 L2：

L1 Hit Time＝1cycle

L1 Miss rate＝5%

L1 Miss Penalty＝200cycles

平均访问内存时间＝1＋0.05×200＝11cycles

## 第四节　虚拟内存

由于多个进程可能同时驻留内存，因此要求内存结构保护多个进程，即不允许一个程序读写另一个程序的内存，每个程序都似乎拥有自己私有的内存。假定代码始于地址 0x40000000 不同的进程代码不同，都驻留在同一地址，因此每个程序都对内存有一个自己的视图。具有这种结构的内存被称为虚拟内存。

内存结构的下一层次是给程序的印象有很大的内存，正在运行的“pages（页面）”驻留在内存中，其他留在磁盘中。同时也允许操作系统共享内存，程序互不干扰，每个进程认为自己拥有整个内存。

每个正在运行的程序操作其自己的虚拟地址空间，并且互不干扰，由操作系统决定每个程序访问哪个内存，虚拟地址与物理地址的映射由硬件决定。图 8－40 所示是虚拟地址与物理地址间的变换。

在计算机运行中可能会遇到总存储空间对用户是足够的，但是进程的尺寸大于单个可用内存，这时就会产生非连续映射，为了表示连续映射就需要基寄存器（base）和边界寄存器（bound）来联合作用，如图 8－41 所示。

为了实现虚拟内存与物理内存之间的映射，可将内存分为大小相同的块（约 4～8kB），

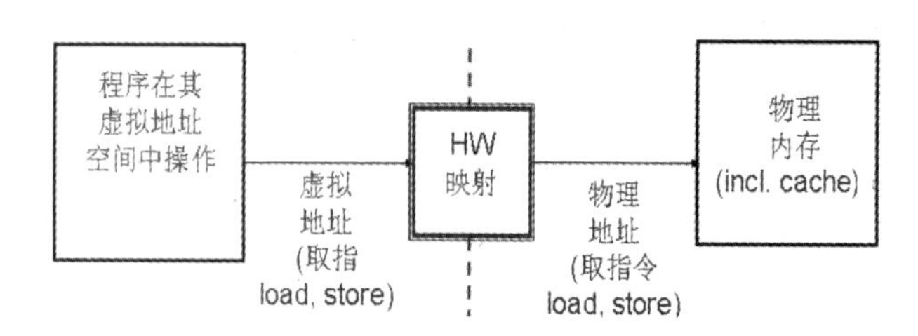


图 8-40　虚拟地址与物理地址间的变换

而虚拟内存的块与物理内存的块间的映射是任意的，如图 8-42 所示。

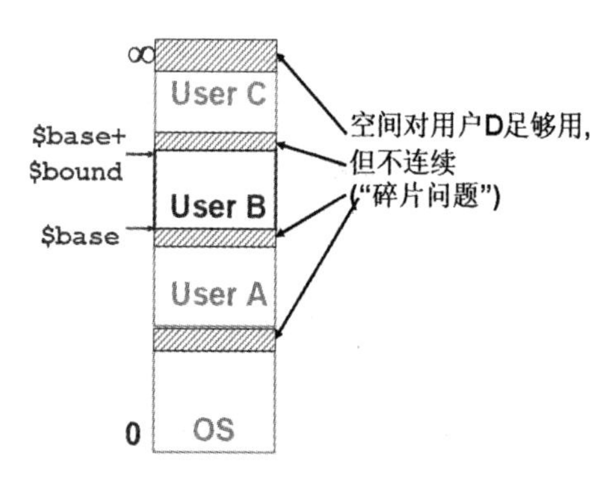


图 8-41　非连续地址映射

页是磁盘物理内存的映射单位，页组织如图 8-43 所示（假定 1kB 页）。

虚拟内存映射函数无法使用简单函数预测任意映射，因此使用查表法进行映射：页号即表的行。

| Page number | Offset |
| --- | --- |

虚拟内存映射函数：

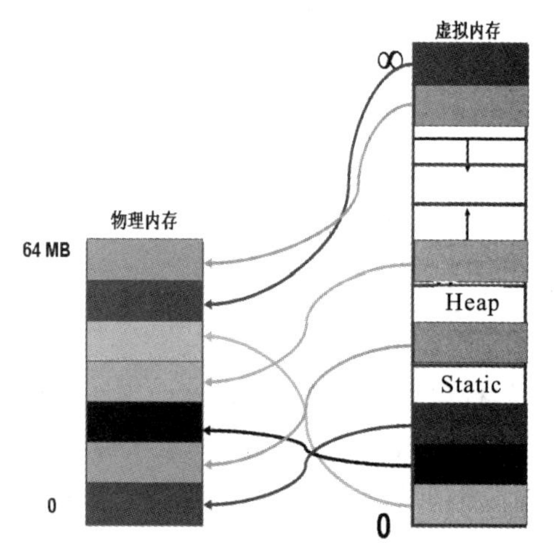


图 8-42　虚拟内存与物理内存间的映射

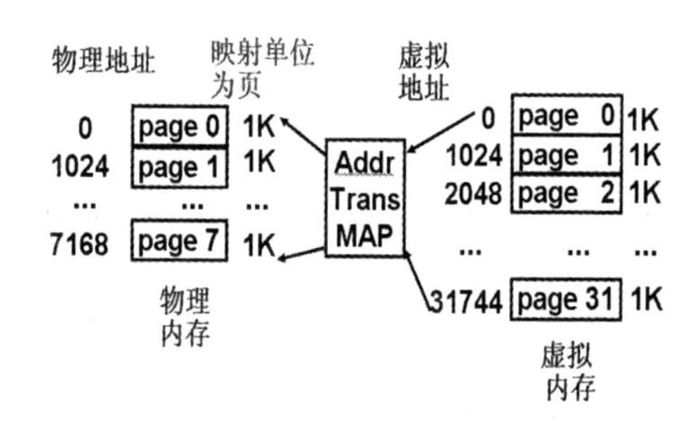


图 8-43　页组织，中间的地址转换实现虚拟内存与物理内存的映射

物理偏移 Offset＝虚拟偏移 Offset

物理页号＝PageTable [Virtual Page Number]

页表是操作系统中的一个数据结构，包含虚拟地址到物理位置间的映射，保存这种数据有几种不同的方式，具体由操作系统决定。操作系统中运行的每个进程都有自己的页表，进程的“状态”包含 PC、寄存器和页表。操作系统通过改变页表基寄存器的值来切换页表，页表放在物理内存中，页表如图 8-44 所示。

页表项格式：物理页号或表明数据不在内存中，如图 8-45 所示。如果页不在内存中（无效，V=0），操作系统将页映射到磁盘。如果页在内存中（有效），还要检查使用页的权限，权限包括只读、读/写、执行。

图 8-46 所示是多进程分页/虚拟内存，为了解决碎片问题，所有块都分成同样大小，

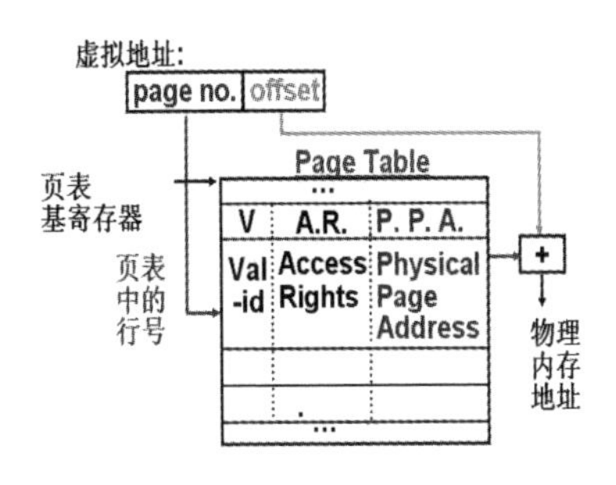


图 8-44　页表

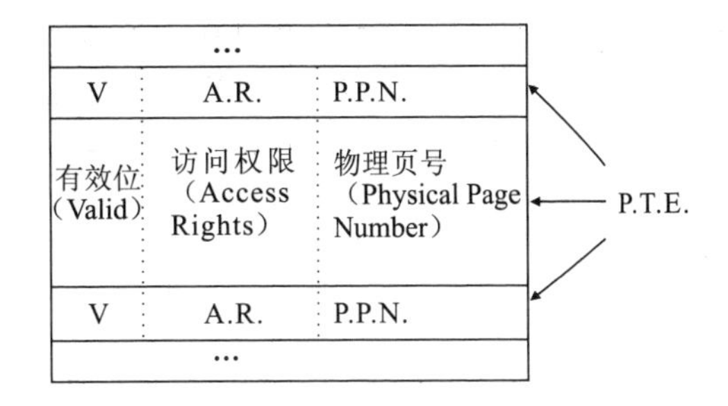


图 8-45　页表项格式

这样所有的空缺都可使用。操作系统必须在磁盘上为每个进程保留“交换空间”，如果新的进程有未使用的页，操作系统优先使用它们，否则，操作系统将内存中一些旧页与磁盘进行交换。每个进程有自己的页表，将来会加入一些细节，但页表是虚拟内存的基础。

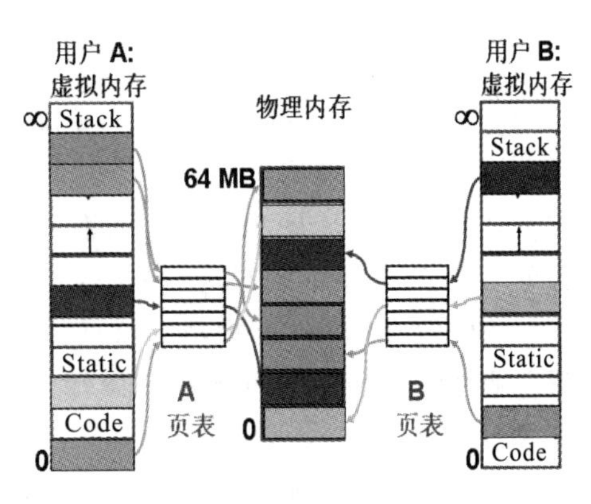


图 8-46　多进程页表映射

但虚拟内存访问效率不高，为了映射每个地址，每个虚拟地址需要通过页表访问内存一次，这样访问一次虚拟内存就需要访问两次物理内存，比较慢。由于数据访问的局部性，这些页的虚拟地址变换也必然有局部性。

我们知道访问 cache 会相对较快，那么就可以使用 cache 加速将虚拟地址转换到物理地址的过程，如图 8-47 所示。由于历史的原因，这样的 cache 被称为 Translation Lookaside Buffer（TLB）。

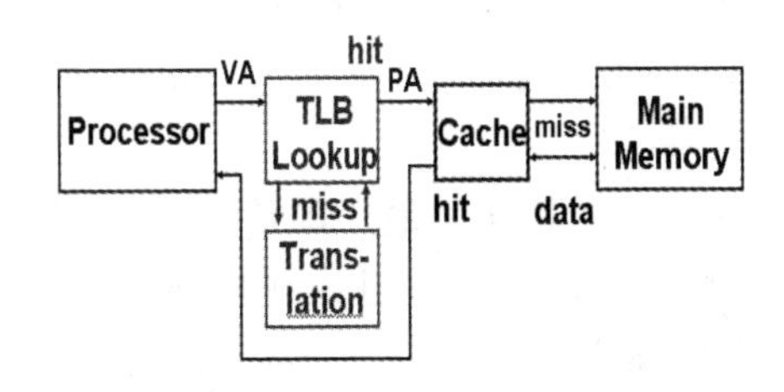


图 8-47　TLB 加速虚拟地址到物理地址的转换

TLB 通常较小，一般 128～256 行，和其他 cache 一样，TLB 可以是直接映射，集合关联或全关联。TLB 页表同样位于物理内存中，地址变换如图 8-48 所示。

典型的 TLB 格式：

| Virtual address | Physical address | Dirty | Ref | Valid | Access rights |
|---|---|---|---|---|---|
| | | | | | |

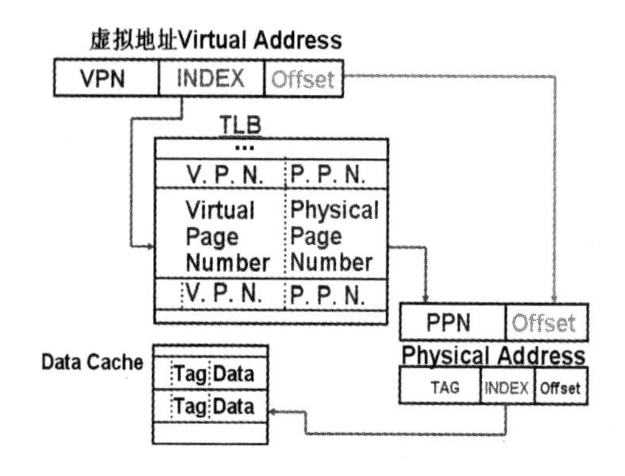


图 8-48　TLB 页表地址变换过程

TLB 是“页表”映射的 cache，访问时间同 cache 相近（比内存访问时间要少很多）。TLB 中的 Dirty 位是当使用写回时，需要知道当替换时，是否要把页写到磁盘上，而 Ref 是用于在替换时，辅助计算 LRU。由操作系统定期清除，然后再检查页是否引用。

如果不在 TLB 中，则有两种方法：

(1) 硬件检查页表，并把新的“页表项”装入 TLB。

(2) 硬件激发 OS，由 OS 决定做什么。由于 MIPS 中硬件不知道页表的信息，所以采取第 2 种。

当数据在磁盘中，那么便从磁盘中将页装入内存的空余块，使用 DMA（Direct Memory Access——特别的硬件用于支持不用处理器的传送）传送，当然其间会切换到其他等待运行的进程。当 DMA 完成时，得到一个“中断此时进程页表”，因此当切换回本任务时，所需的数据已经在内存中。

有足够的内存时，选定属于某个程序的其他页，如果该页是 dirty 的，将该页复制到硬盘，如果是干净的（磁盘中的备份是最新的），直接覆盖内存中的数据，否则选择剔除的页面遵循一定更新策略（如 LRU）。更新该程序的页表，以反映其内存数据已经移到其他某个地方。如果不断在磁盘和内存中进行交换，称为 Thrashing（翻来覆去）。

虚拟内存有 3 个优点。

(1) 变换：程序在内存中看起来是连续的，即使物理内存是杂乱的；使多进程成为可能；只有程序最重要的部分（“工作集”）必须驻留在物理内存中；连续数据结构（如栈）需要多少使用多少，当然后来会逐渐增加。

(2) 保护：不同进程互不干扰；不同的页可以有自己专门的特性（只读，用户程序看不见等）；用户程序看不见核数据；可以免受“邪恶”程序的侵害；进程的特殊模式允许进程改变页表/TLB。

(3) 共享：可以将同一物理页映射给多个用户（“共享内存”）；分页是最著名的虚拟内存实现（另一方式是 base/bounds）；每个分页的虚拟内存访问都必须通过在内存中的页表行来进行检查和访问，从而提供了保护；TLB 使得不通过内存访问就能进行地址变换，从而在多数情况下加速了该过程。

# 第九章　输入输出

## 第一节　输入输出概述

首先来看一下产生输入/输出（I/O）的动因：

（1）I/O 实现了人与计算机的交互。

（2）I/O 为计算机提供长时间的记忆。

（3）I/O 可以让计算机做一些有趣的事情。

没有 I/O 的计算机就像小轿车没有轮子，虽然有了不起的技术，但却不能把你送到你想去的地方。

图 9－1 列出了与人类交互的一些 I/O 设备。

I/O 设备的速度是指每秒传送的字节数，表 9－1 列出了一些 I/O 设备在响应不同行为下的数据率。

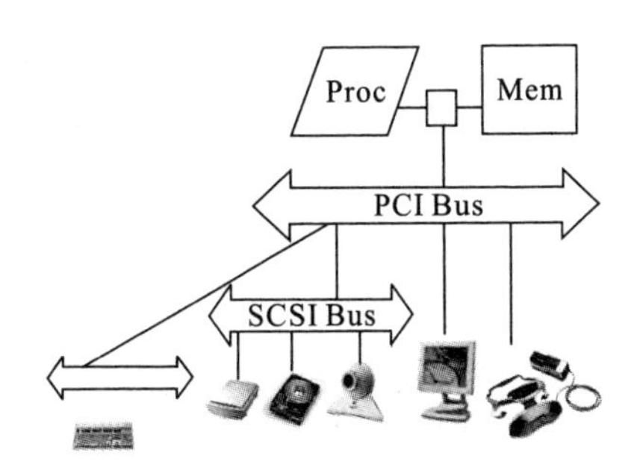


图 9－1　I/O 设备

**表 9－1　I/O 设备响应的数据率**

| 设备 | 行为 | 搭档 | 数据率（kBytes/s） |
|---|---|---|---|
| 键盘 | 输入 | 人类 | 0.01 |
| 鼠标 | 输入 | 人类 | 0.02 |
| 声音设备 | 输出 | 人类 | 5.00 |
| 软盘 | 存储 | 机器 | 50.00 |
| 激光打印机 | 输出 | 人类 | 100.00 |
| 磁盘 | 存储 | 机器 | 10 000.00 |
| 无线网络 | 输入或输出 | 机器 | 10 000.00 |
| 图表显示 | 输出 | 人类 | 30 000.00 |
| 有线局域网 | 输入或输出 | 机器 | 125 000.00 |

接着来看一下用于处理 I/O 的指令集结构。处理器为 I/O 设备提供输入输出功能：读一串字节（Input）和写一串字节（Output），也有一些处理器有专门的输入输出指令（IN，OUT）。另外还有一些处理器是使用 loads 来输入，stores 来输出（如 MIPS 所使用的）。

地址空间的一部分专门用作与输入输出设备通讯的通道（在该处无实际内存），称为内存映射的输入/输出。I/O 内存映射的地址不是通常的内存，而是它们对应于 I/O 设备的寄存器，如图 9－2 所示。

我们知道处理器的执行速度很快，1GHz 微处理器每秒执行 10 亿条 load 或 store 指令，或者 4 000 000kB/s 数据传输率，而 I/O 设备数据传输率仅为 0.01kB/s～125 000kB/s，这就出现了处理器与 I/O 速度间的不匹配现象。输入设备不可能像处理器从内存装入数据一样快地把要发送的数据准备好，尤其当输入设备是人时，还可能要等待人的行动；输出设备不可能像处理器存储数据到内存那么快地接收数据。那么该如何解决这一不匹配现象呢？

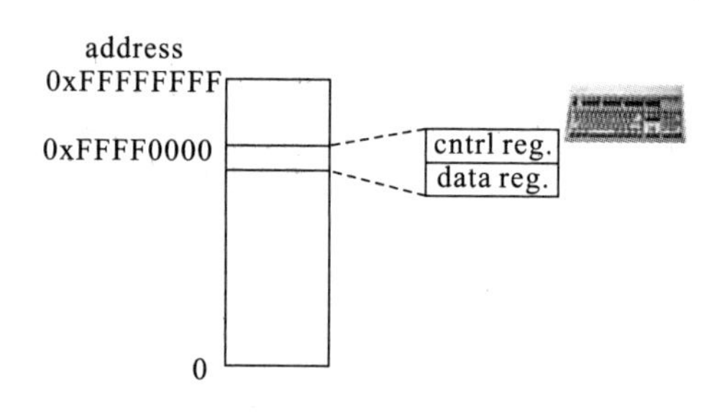


图 9－2　地址空间 I/O 内存映射

输入输出设备如同一台计算机，该计算机有两个寄存器：控制寄存器，表明是否可以读/写数据（I/O 设备是否准备好）；数据寄存器，存放将要读写的数据。例如当检测到人按键盘上的某“键”时，键盘上的“电脑”，将该“键”的值存入键盘的数据寄存器，再把键盘控制器的“ready”位置于 1。输入输出设备在工作之前，处理器循环读取设备（如键盘）的控制寄存器，如果发现控制器从 0 变到 1，说明设备准备好了。然后处理器从输入设备中装入（loads）数据到寄存器或者将寄存器中数据存储到输出设备中。设备检测到其数据寄存器中的值被取走或者有新的数据装入数据寄存器，即重置控制寄存器的“ready”位（1 变为 0）。这种处理器等待 I/O 设备的现象称为“Polling 轮循”。

SPIM 模拟一个 I/O 设备：内存映射的终端（键盘＋显示器）。读键盘（接收）：2 个设备寄存器；写终端（发送）：2 设备寄存器（表 9－2）。

**表 9－2　标准终端 I/O 功能映射**

| 接收控制地址 0xffff0000 | Unused (00…00) | (I. E.) | Ready |
|---|---|---|---|
| 接收数据地址 0xffff0004 | Unused (00…00) | Received Byte | |
| 发送控制地址 0xffff0008 | Unused (00…00) | (I. E.) | Ready |
| 发送数据地址 0xffff000c | Unused (00…00) | Received Byte | |

其中控制寄存器的最低位（Ready）为 0 表示无数据：读入数据时，也就是接收数据时 Ready＝＝1，意即数据寄存器中的字符还未被读取；当数据从寄存器中读走后，Ready 中的值由 1 变为 0；写入数据时，也就是发数据时 Ready＝＝1，意即传送端已准备接收一个新的字符；发送端仍然忙于写最后的字符。

I. E. 位将在后面进行讨论。

数据寄存器的最右边字节包含数据：当读入数据时，读入键盘中的最后一个字符，其余位为 0；写入数据时，最右边字节的字符写出进行显示。

注：“Ready”位是以处理器的视角来看的！

下面是一个 I/O 的例子：

Input：从键盘中读入到 $ v0

```
            lui     $ t0, 0xffff  # ffff0000
Waitloop:   lw      $ t1, 0 ($ t0)  # control
            andi    $ t1, $ t1, 0x1
```

```
            beq     $t1, $zero, Waitloop
            lw      $v0, 4($t0) #data
Output: 写$a0的数据到显示器
            lui     $t0, 0xffff #ffff0000
Waitloop:   lw      $t1, 8($t0) #control
            andi    $t1, $t1, 0x1
            beq     $t1, $zero, Waitloop
            sw      $a0, 12($t0) #data
```

处理器花大量时间等待 I/O 准备好，导致极大的时间浪费。而我们希望的是当 I/O 设备准备好后，启动某个子程序的调用。因此一种解决方案是使用异常机制来帮助 I/O。当 I/O准备好后，中断当前正在运行的程序，执行“某个特定的程序”以传送数据，数据传送结束后返回原来中断处继续执行。这里的“某个特定的程序”又叫作“中断调用”，表示中断当前运行程序后调用的程序。图 9－3 所示是中断驱动（Interrupt－Driven）的数据传送过程。

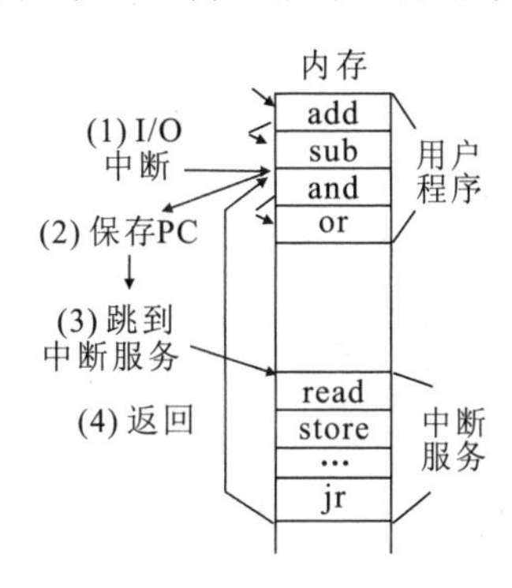


图 9－3 中断的执行过程

I/O 中断和溢出异常相似，但有区别：I/O 中断是“异步的”，需要传送更多信息；中断与指令的执行是异步的；中断与任何指令都没有关联，可以在任何给定指令执行时发生；中断不中止正在执行的指令，而是在指令完成后执行。

前面提到的 I. E. 表示中断使能，设置中断使能位为 1，则一旦 Ready 位被设置，中断即发生。

注：异常表示一种信号标识，标志某种“非正常的事件”发生了，并需要得到处理，Interrupt 表示异步异常，Trap 表示同步异常。系统工程师有时说的“中断 interrupt”其实是这里所讲的“异常 exception”。

例：计算轮循的花费。

假定处理器为 1GHz 时钟频率，每次轮检操作花费 400 个时钟周期（调用轮循进程、访问设备、并返回）。试确定处理器用于轮循的时间百分比。

鼠标：每秒轮循（polled）30 次，以便捕获用户移动。

软盘：传送数据单位为 2 字节，传送速度为 50kB/秒，不能丢数据。

硬盘：传送数据单位为 16 字节块，传送速度为 16 MB/秒，不能丢数据。

注意：操作系统的分时特性。

解：

处理器轮循时间的百分比：

鼠标轮检 [clocks/sec] ＝30 [polls/s] ＊400 [clocks/poll] ＝12K [clocks/s]

轮循百分比＝$12*10^3$ [clocks/s] /$1*10^9$ [clocks/s] ＝0.001 2％

因此轮循鼠标的代价很小，如图 9－4 所示。

软盘轮循频率＝50 [kB/s] /2 [B/poll] ＝25k [polls/s]

软盘轮循时间＝25K [polls/s] ＊400 [clocks/poll] ＝10M [clocks/s]

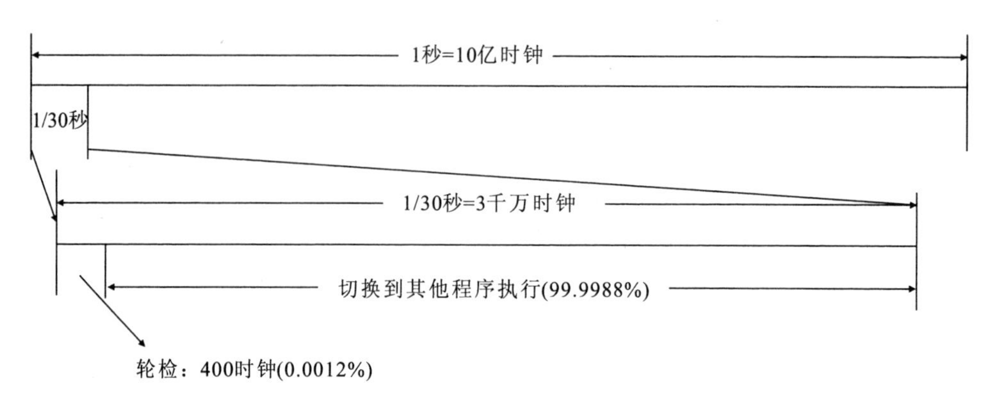


图 9－4 鼠标轮循

处理器用于轮循的百分比％＝$10*10^6$ [clocks/s] /$1*10^9$ [clocks/s] ＝1％

所以如果 I/O 设备不多是可以的。

硬盘轮检的频率＝16 [MB/s] /16 [B/poll] ＝1M [polls/s]

硬盘轮循时间＝1M [polls/s] *400 [clocks/poll] ＝400M [clocks/s]

处理器进行轮循的百分比＝$400*10^6$ [clocks/s] /$1*10^9$ [clocks/s] ＝40％

由此可知轮循硬盘所占比例过大，实际中无法使用。

例：当硬盘仅有 5％的时间是活动时，计算中断方式下求处理器耗时百分比。假定，包括中断在内，每次传送数据时有 500 个时钟周期的延时。

解：

硬盘中断/秒＝16 [MB/s] /16 [B/interrupt] ＝1M [interrupts/s]

硬盘中断＝1M [interrupts/s] ×500 [clocks/interrupt] ＝500 000 000 [clocks/s]

传送时的处理器占用百分比＝$500\times10^6$ [clocks/s] /$1\times10^9$ [clocks/s] ＝50％

Diskactive5％⇒5％*50％⇒2.5％busy

硬盘 5％是活动的，因此消耗处理器百分比为 5％*50％，即 2.5％。

# 第二节 网络

最初，网络通信是由于计算机间需要共享 I/O 设备，然后计算机间也有了通信的要求，最后人与人间也需要借助计算机网络来通信，因此就有了计算机网络的不断发展，图 9－5 显示了近年来互联网的增长率。

网络有两种基本形式，一种是基于共享的网络，另一种是基于交换的网络。基于交换的网络是指同一时间多对用户通信（“点对点 point－to－point”连接）；基于共享的网络是指同一时间只有一对用户通信（CSMA/CD 载波侦听多路访问/冲突检测）。组合带宽的交换网络比共享快很多倍，点对点更快的原因是目的明确，接口简单。

网络是通过连线实现交换机间及与计算机和设备的连接，具有命名组件并转发信息包的能力，并且实现层次化，冗余，协议和封装，如图 9－6 所示。

典型的网络类型有：局域网，广域网和无线网。其中局域网一般位于同一大楼内，最多 1km 距离范围内，（峰值）数据率一般为 10Mbits/sec，100Mbits /sec，1000Mbits/sec，由

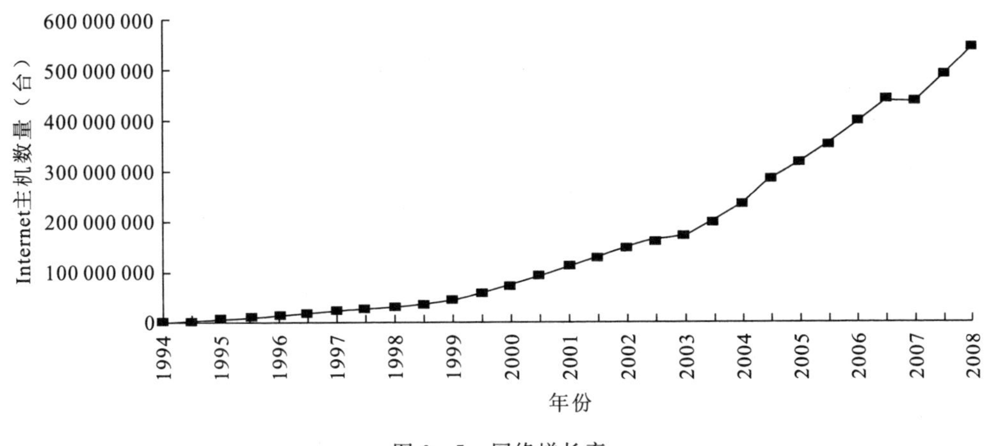


图 9 - 5　网络增长率

网络管理员负责运行和安装。而广域网是穿越大陆（一般从 10km 到 10 000km 范围），（峰值）数据率为 1.5Mb/s 到 10 000Mb/s，由电信公司负责运行和安装。

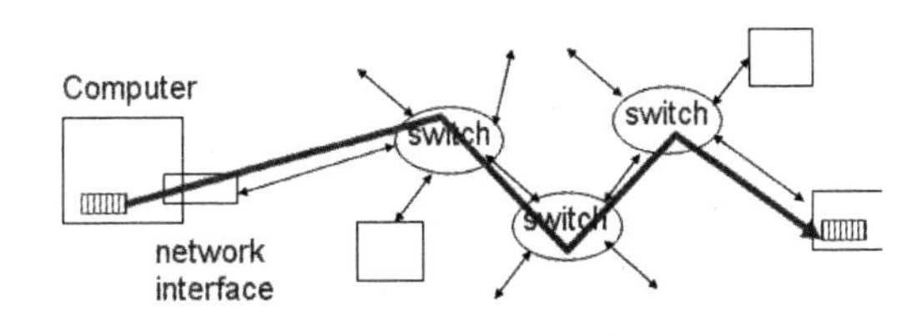


图 9 - 6　网络连接示意

图 9 - 7 所示的是两台计算机间发送信息，每一端都有一个队列（Queue），是先进先出的，可以双向发送信息，称为全双工（Full Duplex）；也可以单向传递信息，称为半双工（Half Duplex），所发送的信息称为消息（message），有时也称为包（packets）。

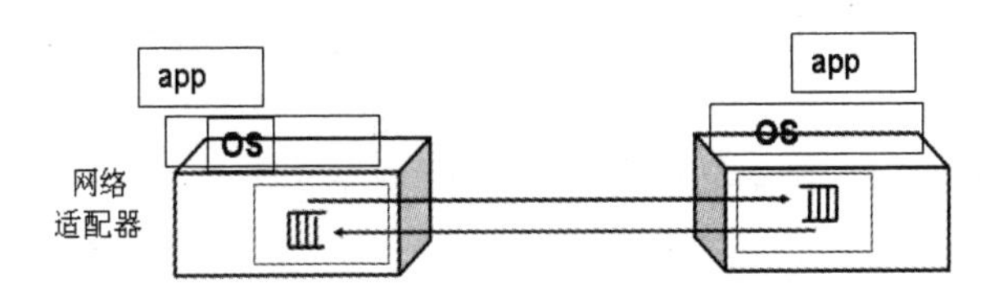


图 9 - 7　两台计算机交换信息

消息格式类似于指令格式，两台机器间发送的消息如图 9 - 8 所示。

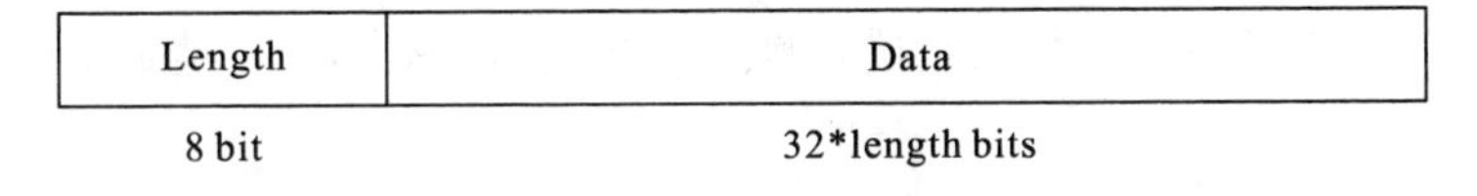


图 9 - 8　消息格式

对于多台机器间发送的消息，一般由消息头和负载两部分组成，其中，消息头（Header）为发送消息的总体信息，负载（Payload）为消息的内容，也就是数据。数据是可以表达为位的所有东西，如数值、图表、命令、地址等。为了实现多台计算机间的通信，消息包头中应有计算机的“地址字段”，以便知道接收数据的计算机和发送数据的计算机，就好像加了个信封一样，如图 9 - 9 所示。

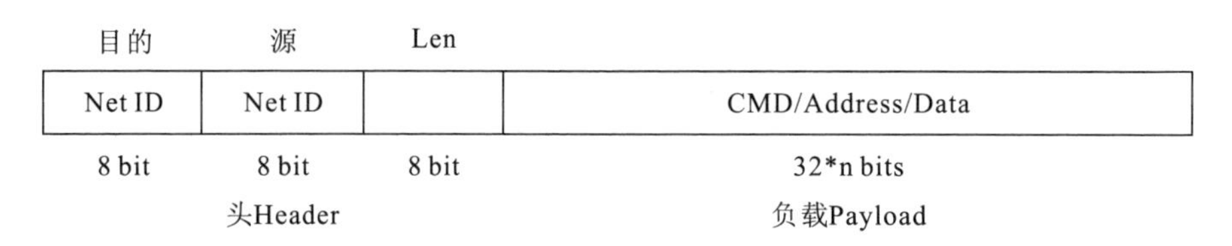


图 9－9 多台计算机通信的消息格式

如果有更多计算机进行通信时，交换机和路由器会解析头信息以便发送包能到达正确的位置，源端对负载进行编码，而目的端对负载解码。在传送中信息可能发生变化，因此加入了附加信息进行检查，确保收到的信息是正确的。由其他字节产生 8 位和，这称为“check sum”，接收方将 check sum 与余下信息的和进行比较。如图 9－10 所示。

图 9－10 增加数据正确性检查的消息格式

但如果消息没有到达该怎么办呢？可通过接收方在信息到达后发送应答 Ack 来知道信息是否送达，这就像寄挂号邮件一样，如果发送方在等了很久还没收到时就重发。在发送方接收到应答 Ack 前，保留原信息。如果接受方收到不正确的校验和，则将不发送 Ack 应答。此时的消息格式如图 9－11 所示。

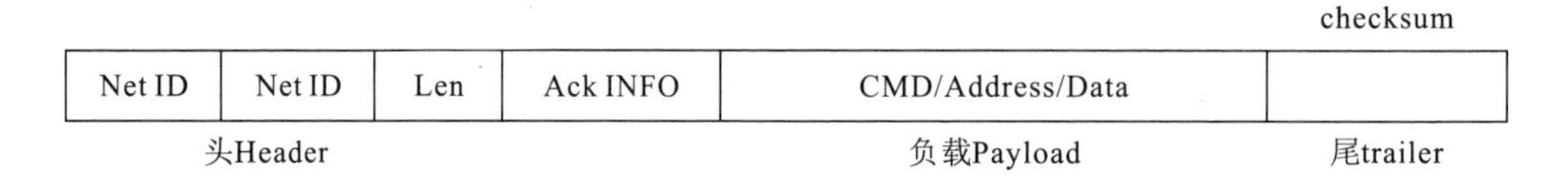


图 9－11 设置应答 Ack 的消息格式

下面来看一下消息收发的协议。消息发送步骤为：①首先应用程序把数据复制到操作系统的缓冲区；②再由操作系统计算 check sum，开始计时；③最后操作系统发送数据到网络接口，并让其开始发送。相应的，消息接收步骤为：①首先操作系统将网络接口的数据复制到操作系统缓冲区；②再由操作系统计算 check sum，如果正确，则发送 ACK，否则删除消息，发送方会在超时后重发；③如果正确，操作系统复制数据到用户地址空间，并且告知应用程序继续。

最后来介绍一下网络协议，互联网络分层结构为：应用层、传输层（TCP、UDP）、网络层（IP）、数据连接层、物理层，协议族的概念如图 9－12 所示。

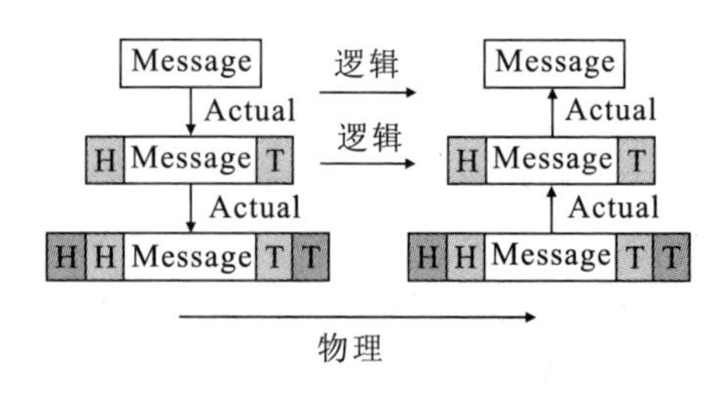


图 9－12 网络分层结构

另一种分层结构由 OSI 提出，其网络的分层结构，如图 9－13 所示。

在网络分层的基础上便产生了协议族。协

议族的要点是：通信逻辑发生在协议的同一层，称为点对点；每一层都是通过更低层的服务来实现的；在低层的“信封”中包含高层的信息，发送端把大的数据包分割为多个小包，然后在接收端进行组装。

TCP/IP 在网络协议族中尤其重要，该协议族是 Internet 的基础，也称为广域网协议。IP 尽最大努力进行发送，因为在传送的过程中包可能会丢失或损坏，TCP 保证收发正确可靠。TCP/IP 非常普及，目前还用于局域网通信，甚至是同构的局域网。

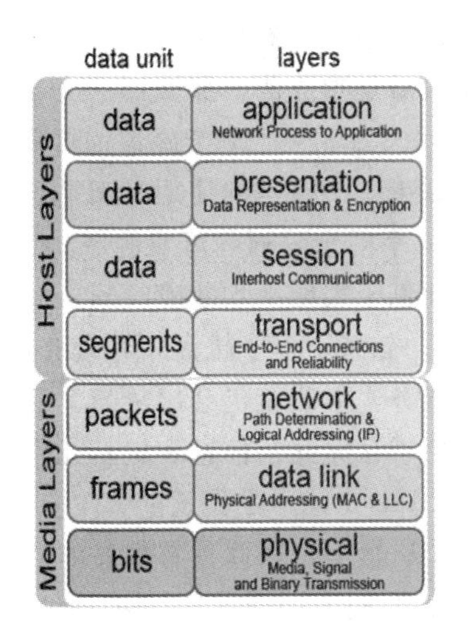


图 9－13 OSI 模型的分层结构

## 第三节 磁盘

磁盘是常见的 I/O 设备，是一种非易失性的计算机存储器。磁盘中有表面带磁的旋转盘片，通过一个可移动的读/写头可以访问磁盘。它分为两种类型：软盘和硬盘。在计算机系统中，用于长期、廉价的文件存储。图 9－14 显示了一个磁盘设备的内部，并标出了磁盘设备中相应的名称。

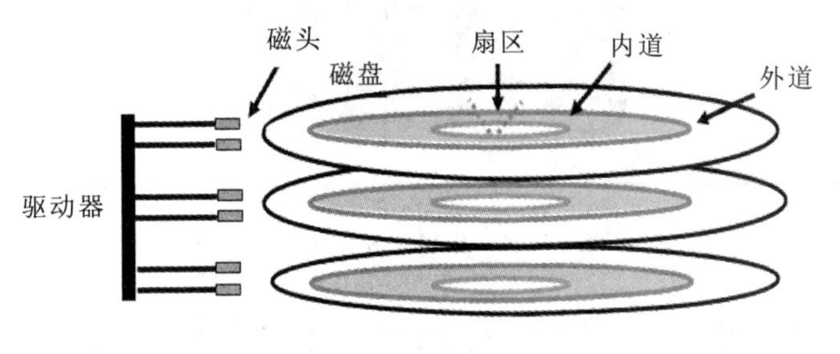


图 9－14 磁盘的内部结构

一个磁盘包括多个盘片，信息以磁的方式记录在盘的两个表面，每个盘表面被分成许多被称为轨道的同心圆，每条轨道又被分成一些记录信息的扇区。为了存取数据，磁盘的反应时间为寻道时间、旋转时间、传输时间和控制器时间的和。其中，寻道时间依赖于要移动几条道，以及驱动器的速度；旋转时间依赖于磁盘旋转的速度，扇区离头的距离；传输时间依赖于磁盘的数据率及所访问的数据大小。

假定每道具有相同个数的扇区，由于外道更长，每寸的位数更少。并且因为竞争的需要，对所有的道都保持较高的每寸位数，每个磁盘容量更大，边缘处每道有更多的扇区，由于磁盘以常速旋转，外道有更快的数据率。外道带宽约是内道的 1.7 倍。近 50 年来磁盘密度都在持续地提高，这样物理体积就不断地在缩小。

在硬盘发展中，微硬盘和闪存齐头并进，两者都不易失。但相比之下闪存更耐用，功耗更低（无移动部件），而微硬盘需要上下旋转，可闪存也有限制，写的次数有限。闪存是依靠内部 NMOS 晶体管，在门和源/出口间有附加的导体来“捕获”电子，有/无电子对应于 1 或 0。

为了扩大存储能力，可由多个硬盘组成容量巨大的存储空间，这样比大容量的硬盘的价格要低。但是这有一个可靠性问题，这可以通过测量平均故障时间（MTTF）来衡量。这里假定故障是独立的，那么：

$N$ 个磁盘的可靠性＝ 单个磁盘的可靠性÷$N$

如果一个磁盘的使用时间是 50 000Hours，则：

70 个磁盘阵列的可靠性＝50 000Hours÷70disks＝700hour

此例子表明平均故障时间从 6 年降为 1 个月，磁盘系统在使用时太不可靠。所以将文件“条状”分布于多个磁盘，冗余会产生高数据可用性，即使一些组件出现故障，仍能为用户提供服务，但磁盘仍会出故障。这时内容可以通过存储在阵列中的冗余数据重建，但这样一来，由于存储冗余信息和更新冗余信息，容量和带宽都减少。

RAID 0 并不是真正的 RAID 结构，没有数据冗余。RAID 0 连续地分割数据并并行写于多个磁盘上，因此具有很高的数据传输率。本例中有 4 个磁盘，是块组织方式，有更快的访问速度，因为可同时从多个磁盘传输数据，如图 9－15 所示。

图 9－15　RAID 0 组成形式

RAID 1 又称为镜像或影像，就是将一块硬盘的数据以相同位置指向另一块硬盘的位置。它的宗旨是最大限度的保证用户数据的可用性和可修复性。RAID 1 的操作方式是把用户写入硬盘的数据百分之百地自动复制到另外一个硬盘上，如图 9－16 所示。每个磁盘完全复制到其“镜像”，可以获得极高的可用性，但镜像是最昂贵的 RAID 方案，因为它需要最多的磁盘。

RAID 3 是把数据分成多个“块”，按照一定的容错算法，存放在 $N+1$ 个硬盘上，实际数据占用的有效空间为 $N$ 个硬盘的空间总和，而第 $N+1$ 个硬盘上存储的数据是校验容错

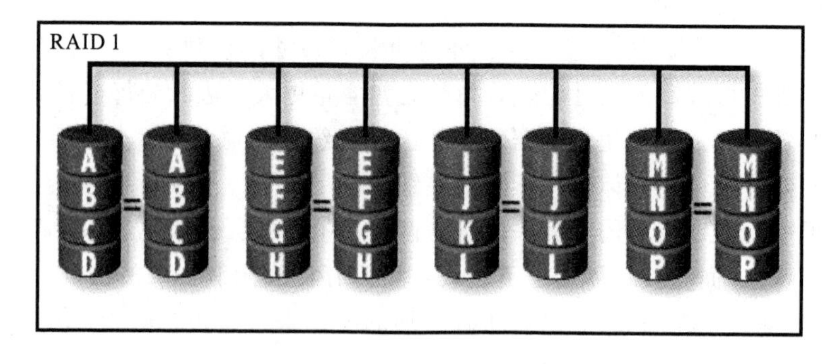


图 9－16　RAID 1 组成形式

信息，当这 $N+1$ 个硬盘中的其中一个硬盘出现故障时，从其他 $N$ 个硬盘中的数据也可以恢复原始数据，这样仅使用这 $N$ 个硬盘也可以继续工作。本例中采用奇偶校验，会多出 25%容量，而 RAID 1 多出 100%，如图 9－17 所示。

RAID 3 会把数据的写入操作分散到多个磁盘上进行，然而不管是向哪一个数据盘写入数据，都需要同时重写校验盘中的相关信息。因此，对于那些经常需要执行大量写入操作的应用来说，校验盘的负载将会很大，无法满足程序的运行速度，从而导致整个 RAID 系统性能的下降。所以 RAID 3 更加适合应用于那些写入操作较少，读取操作较多的应用环境，例如数据库和 WEB 服务器等。

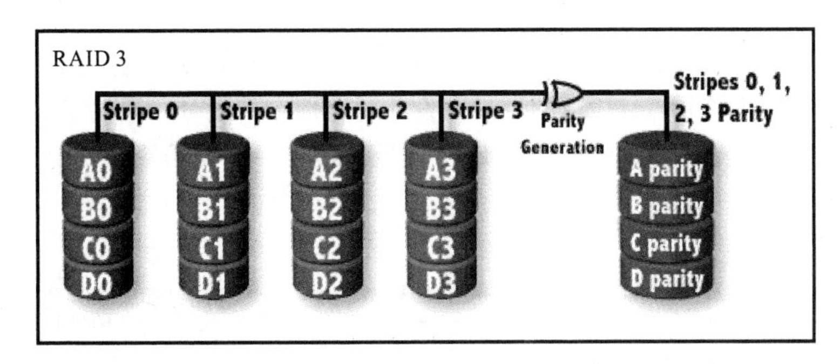


图 9－17　RAID 3 组成形式

RAID 5 是一种存储性能、数据安全和存储成本兼顾的存储解决方案。以 4 个硬盘组成的 RAID 5 为例，其数据存储方式如图 9－18 所示：E4 为 B4，C4 和 D4 奇偶校验信息，其他以此类推。RAID 5 不对存储的数据进行备份，而是把数据和相对应的奇偶校验信息存储到组成 RAID 5 的各个磁盘上，并且奇偶校验信息和相对应的数据分别存储于不同的磁盘上。RAID 5 可以理解为是 RAID 0 和 RAID 1 的折中方案。RAID 5 可以为系统提供数据安全保障，但保障程度要比 Mirror 低而磁盘空间利用率要比 Mirror 高。RAID 5 具有和 RAID 0 相近似的数据读取速度，只是多了一个奇偶校验信息，写入数据的速度比对单个磁盘进行写入操作稍慢。同时由于多个数据对应一个奇偶校验信息，RAID 5 的磁盘空间利用率要比 RAID 1 高，存储成本相对较低。

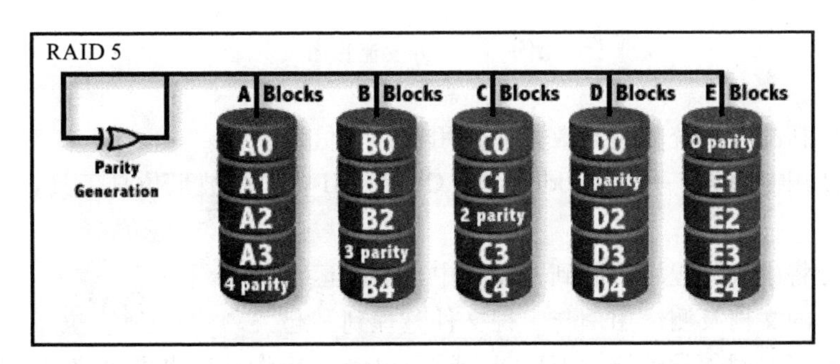


图 9－18　RAID 5 组成形式

# 第十章　基于 SOPC 设计 CPU

## 第一节　QuartusII 概览

熟练使用 Logisim 软件来实现 CPU 设计，在此基础上本章将讨论如何基于 SOPC（System On Programmable Chip，可编程片上系统）来设计 CPU，首先需要在掌握第五、第六章的基础上，掌握 QuartusII 中的原理图设计，合理布局划分，绘制子电路。

由于 QuartusII 针对的是实际的电路设计，开发过程会与纯仿真的 Logisim 有所不同。其开发流程图如图 10-1 所示。

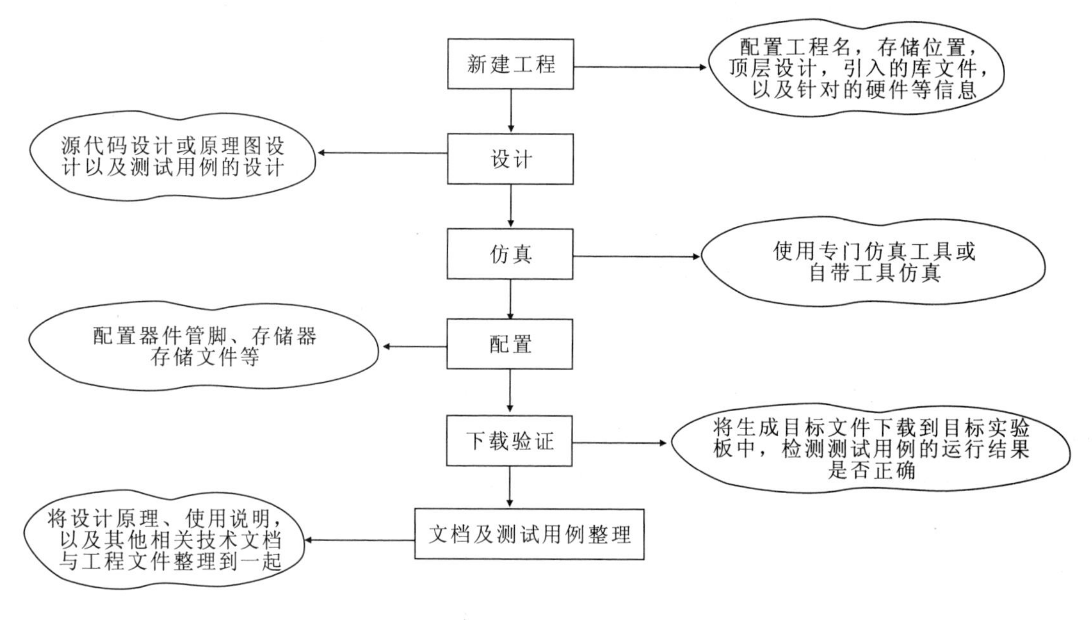


图 10-1　开发流程图

新建工程包括配置系统相关参数，如使用器件等信息设计。

仿真可以使用专门的工具如 Modelsim，QuartusII 也自带波形仿真工具，对于观察简单模块十分方便。

下载验证是将生成的程序下载到开发板中，测试运行。

最后将设计的文档及测试用例与工程文件整理到一起。

可以使用专门的硬件设计语言 VHDL 或 Verilog 进行设计，也可以使用类似 Logisim 的图形设计工具画原理图来进行设计，原理图与硬件设计语言可以通过 QuartusII 中的工具转换，使用硬件设计语言，功能强大，表达方式灵活，一般在实际工程中更多用到，而原理图设计方式更加直观，各部分功能模块及其之间的关系一目了然，更多是用在顶层设计或结构化电路中。

另外可使用 QuartusII 自带工具实现原理图转换为源代码或逆交换，但由于是自动生成的，表达性相对较差，例如模块名字的命名等，必要情况下还是推荐手动转换，因为设计文件是给设计人员看的，其自身清楚明了，代码规范，原理图结构清晰对后期审查和维护十分重要。

可以使用 Logisim 软件先行验证设计，然后再在 QuartusII 中实现。

## 第二节 使用库中模块设计费波拉契数计算器

1. 使用 MegaWizard 添加一个 RAM 模块

RAM 模块属于原理图设计中一个较为复杂的模块，不像门电路那样直接添加就可以了，还有一些参数需要配置和设定。在 QuartusII 中添加一个类似 RAM 的复杂模块需要用到 MegaWizard，通过使用 MegaWizard 添加一个 RAM 模块，可以了解如何用 MegaWizard 为库提供的模块配置参数。

使用 Symbol tool 打开添加模块对话框，MagaWizard 的模块多数在 megafunctions 目录下，我们使用的是 megafunctions→storage→lpm _ ram _ dq，勾选上 Launch MegaWizard Plug - In，点击 OK，图 10 - 2 (a) 打开 MegaWizard Plug - In Manager，选择为库文件生成的文件类型，有 AHDL 语言，VHDL 语言和 Verilog HDL 语言 3 种选择，根据需要和自己对他们的熟悉程度选择，设定为其生成的目录文件，建议生成到工程所在目录下，并在其名称基础上加上些有意义的后缀 [图 10 - 2 (b)]。接下来是关于模块具体参数的设定，不同的模块会有所不同，这里请先按照图中的配置方式选择，使用 8 位容量 32 个字的 RAM，不带有输出口寄存功能 [图 10 - 2 (c)]。

为了让 RAM 有一个初始值，我们要为其写个初始化数据文件，下面选中 “Yes, use this file for the memory content data”，并设定好文件路径名称。下一步是生成文件的清单，最后将生成模块添加到设计文件中 [图 10 - 2 (d)、(e)、(f)、(g)、(h)、(i)]。

2. 添加总线与提取总线上一位数据的方法

以上是通过 MegaWizard 添加模块的方法，用相同的方法，我们可以添加 lpm _ add _ sub 模块。

本例中涉及到的就是以上两种模块，通过练习和实践，可以测试试验一下其他的模块。

接下来添加输入输出引脚，这个前面介绍过，这里不同的是，输出引脚是 8 位的，这个在命名的时候后面加上 [7..0] 就表示是个 8 位的输出，例如 fib _ res [7..0]，如果要用到其中一位就是名字加上下方括号跟标号，例如 fib _ res [5]。

3. 用手动按钮作为时钟信号测试

实验板上的时钟太快了，不利于观察，可加一个输入按钮，模拟时钟，按一下，时钟跳一下，于是加了一个输入引脚，用于连接实验板上的按钮开关。输入引脚后面要加一个非门，因为实验板上松开按钮时输入是高电平，所以用一个非门也就是反相器来取反向。

需要指出的是，用手动按钮做时钟信号来测试是权宜之计，实际设计中是不使用的，包括组合电路的输出用作时钟信号都是不好的设计习惯，因为时序电路工作的时钟要求波形稳定，组合逻辑电路中产生波形的毛刺对其工作影响较大，造成错误的数据或不可预测的结果。

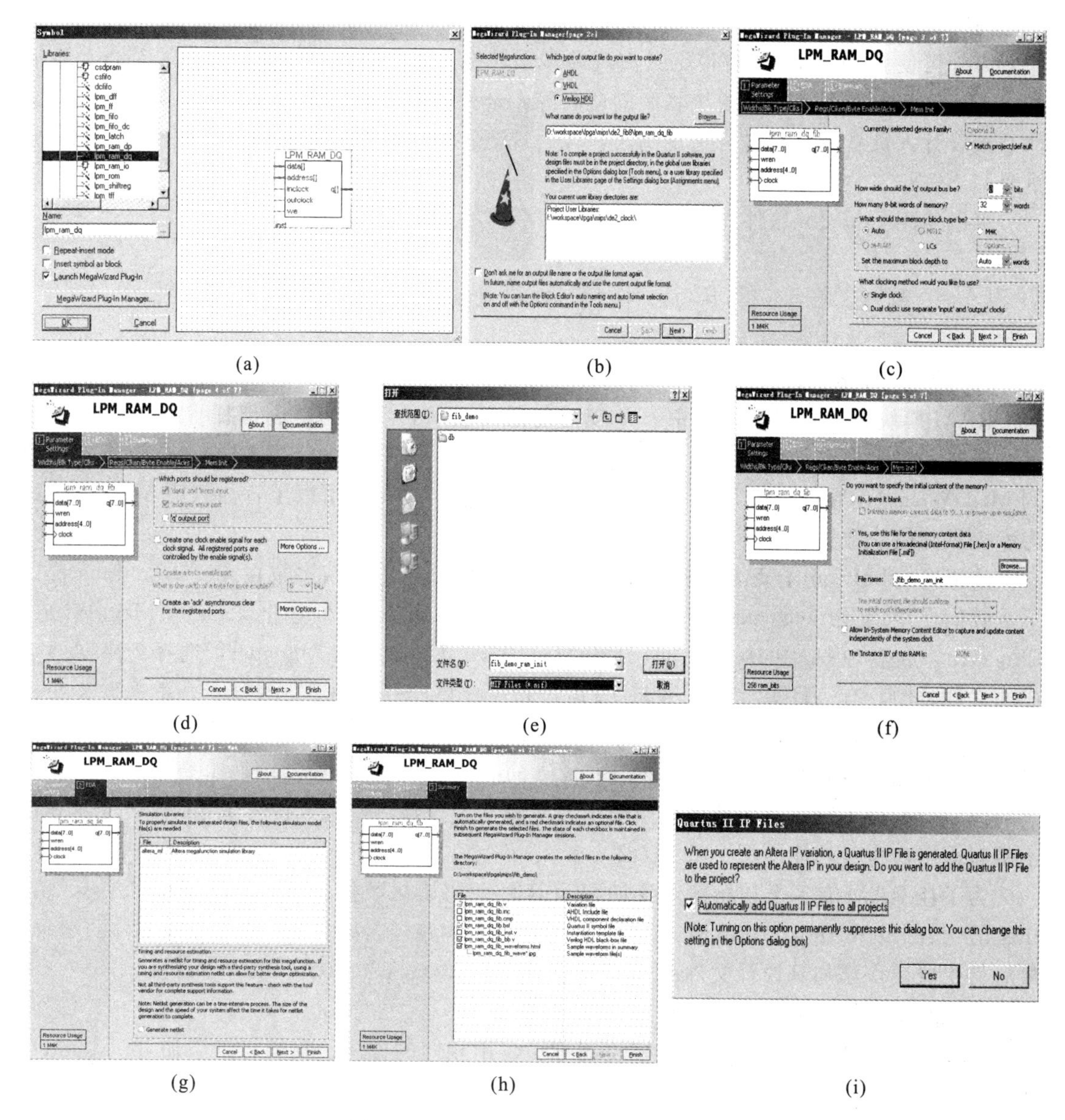


图 10－2　添加 RAM 模块的操作过程

4. 常量的加入

由于加入的 RAM 模块至少含有 32 个字的存储，只需用到其中一个，地址线置零就可以了，每次时钟来临都进行写入操作，写使能始终设为 Enable。那么这些常量该怎么设定呢？在原理图设计中，有 GND 和 VCC 两个常量，分别代表逻辑 1 和逻辑 0，将他们引入到电路中就可以了，多位数据合并到一条总线上是将各位数据用逗号隔开，添加到总线命名中。

5. 让电路更加清晰

前面介绍到，当电路规模愈加复杂时（图 10－3），将各模块直接连接到一起会严重影响其清晰美观，那么推荐的方式是采用网络标识的形式，也可以为 GND，VCC 添加一个网络标识，把他们改名为 b1 和 b0，如图 10－4 所示，那么内存地址我们可以写为 b0，b0，b0，b0，b0。

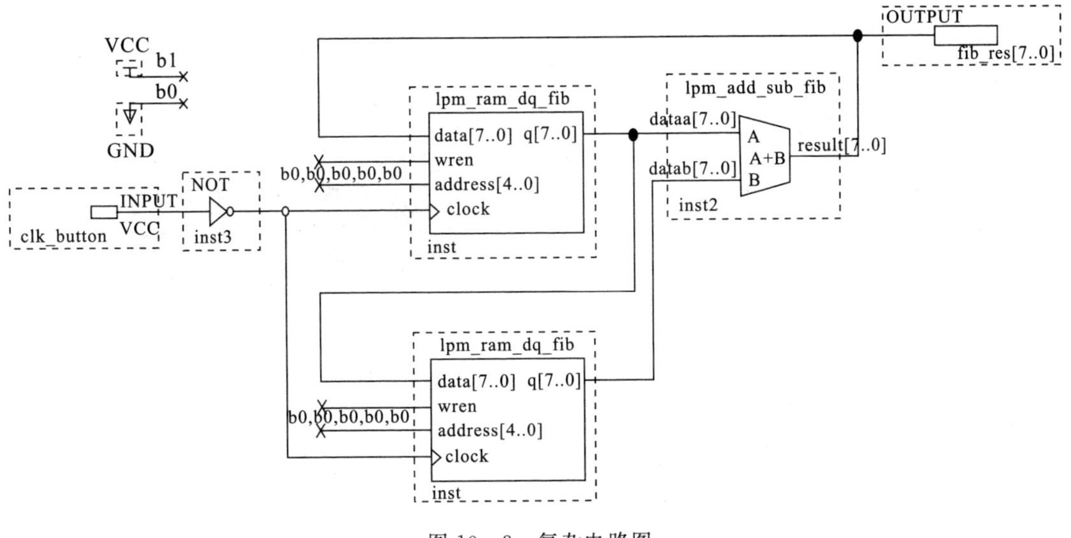


图 10－3　复杂电路图

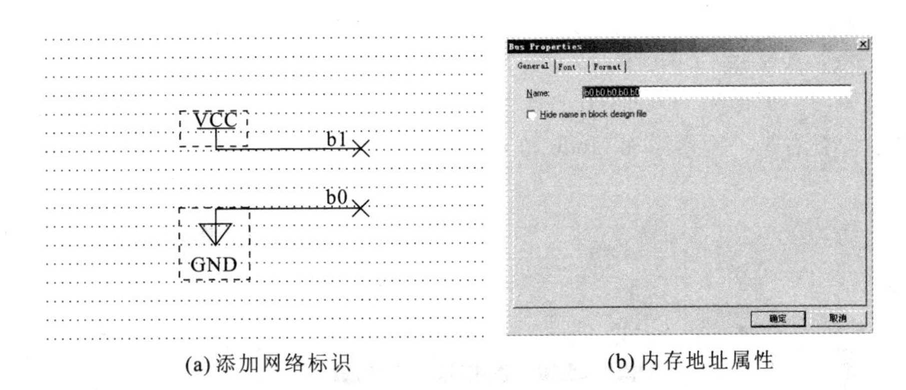


(a) 添加网络标识　　(b) 内存地址属性

图 10－4　采用网络标识的形式

再把上图整理一下，可以得到更清晰的电路，如图 10－5 所示。

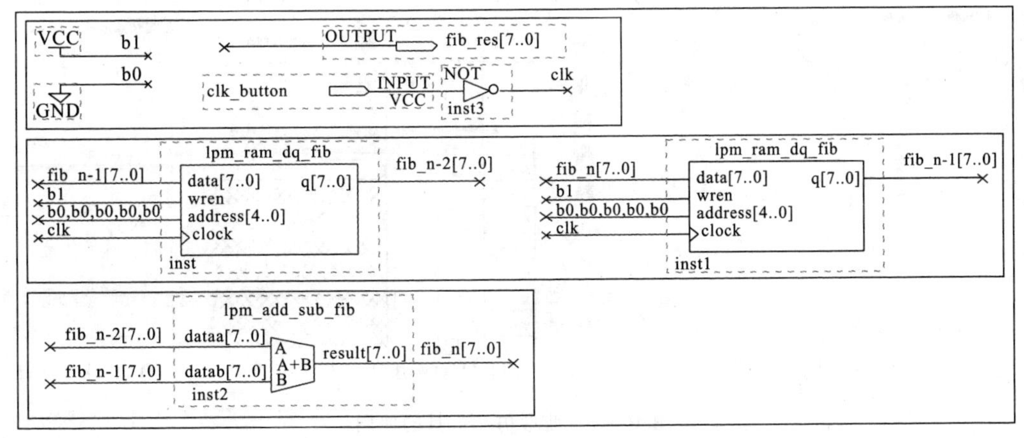


图 10－5　更清晰的电路图

6. 初始化 RAM 中数据（图 10 - 6）

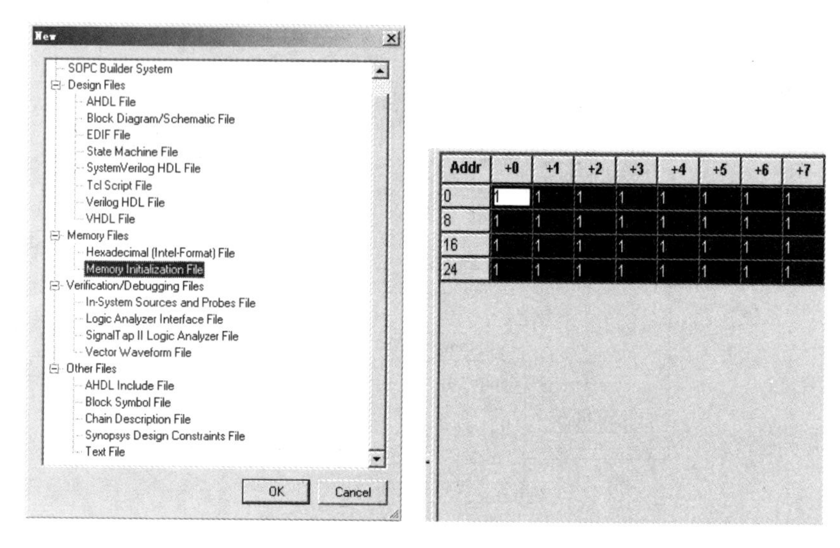


图 10 - 6　初始化 RAM 中的数据

7. 波形仿真工具（图 10 - 7）

这里再学习一下使用 QuartusII 自带的波形仿真工具，新建一个 Vector Waveform File。在图中位置右击，搜索添加 Node 和 Bus，在 Insert Node or Bus 框中点击 Node Finder

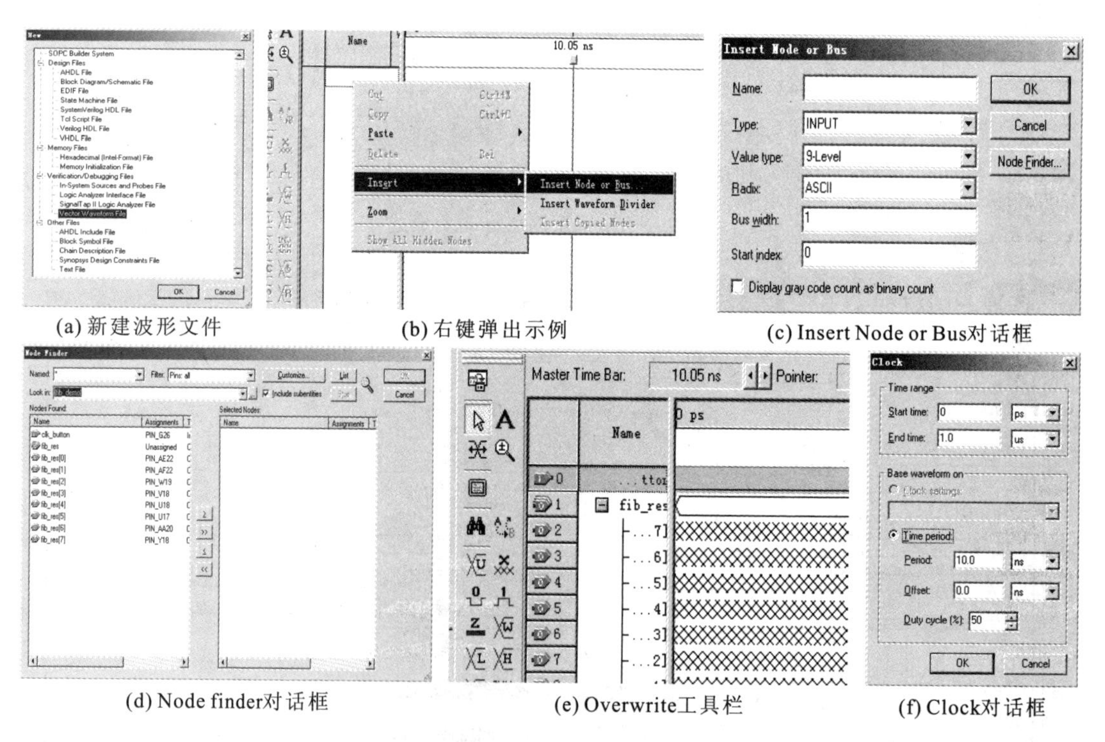


(a) 新建波形文件　(b) 右键弹出示例　(c) Insert Node or Bus对话框

(d) Node finder对话框　(e) Overwrite工具栏　(f) Clock对话框

图 10 - 7　波形仿真工具的使用

按钮，弹出 Node Finder 框，点击 List 将所有输入输出节点列出，添加到 Selected Nodes 中，点击 OK。

选中 clk _ button，点击工具栏的 Overwrite Clock，在 Clock 框中填好起始时间、结束时间、时钟周期等参数，为其添加一个时钟输入。

在编译过整个工程后，如无错误，点击 Start Simulation，片刻后，仿真波形输出出来，仿真结果如图 10-8 所示，由于只是 8 位存储器，所以 233 后面的数结果会有问题，但是仿真结果与我们设计的电路所应得到的输出效果是一致的。

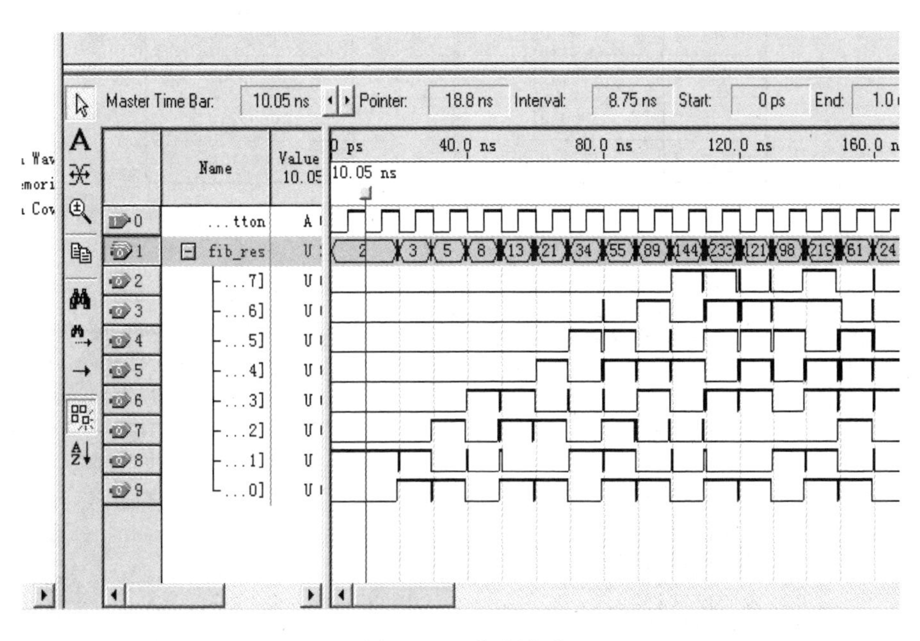


图 10-8　仿真波形

8. 总结

这里我们学习了利用 MegaWizard 添加 megafunctions 库中的复杂模块，学习了如何使用 Node 和 Bus，以及如何使用节点标识取代直接连线，使原理图层次划分更加清楚。另外还有如何进行波形仿真，对设计进行有效验证，基本在 Logisim 中可能用到的常用功能在 QuartusII 设计工具中都能找到。会使用 Logisim 构建一个电路，相应使用 QuartusII 工具的原理图设计也不会有难度了，当然他们库中包含的模块还有些不同，但一般常见的标准模块 QuartusII 都有，而在实际设计中会用到的标准接口和功能模块，需要好好熟悉其用法。

## 第三节　分层设计实现一个计数器

本节将学习设计一个 7 段数码管的控制逻辑电路，用于控制数码管显示，后面它将作为一个子模块用于我们的设计的计算机中。

1.7 段数码管译码电路（表 10－1）

**表 10－1　共阳极数码管编码表**

| Hex | Seg (binary) | Hex | Seg (binary) |
|---|---|---|---|
| 0x0 | 11000000 | 0x8 | 10000000 |
| 0x1 | 11111001 | 0x9 | 10010000 |
| 0x2 | 10100100 | 0xA | 10001000 |
| 0x3 | 10110000 | 0xB | 10000011 |
| 0x4 | 10011001 | 0xC | 11000110 |
| 0x5 | 10010010 | 0xD | 10100001 |
| 0x6 | 10000010 | 0xE | 10000110 |
| 0x7 | 11111000 | 0xF | 10001110 |

根据真值表可以用下面的方式来实现（图 10－9）。

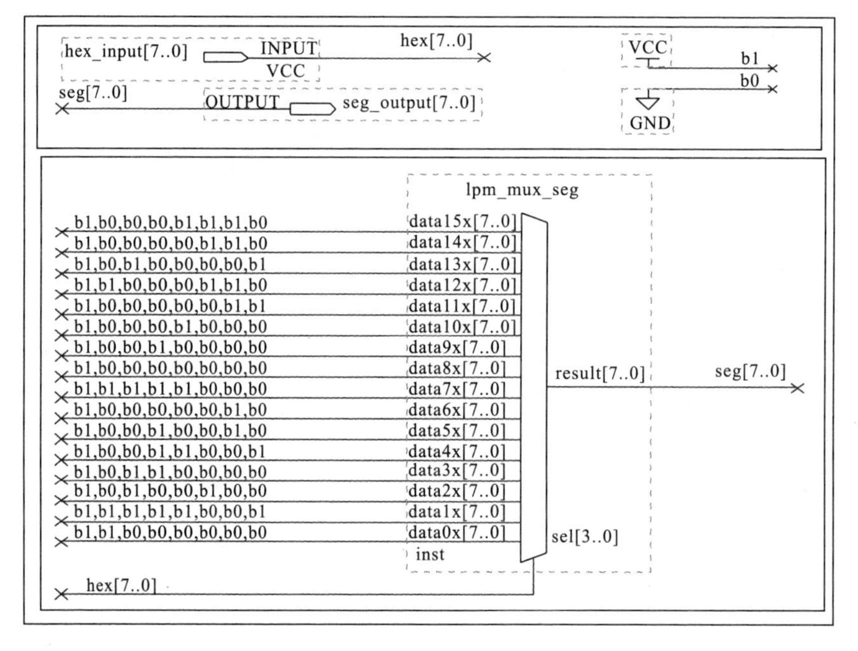


图 10－9　7 段数码管译码实现

通过选择器实现的这种译码电路，完成了一个真值表到电路的转换，并且实现结构清晰，可读性好。

2. 创建 7 段数码管的子电路（图 10－10）

为设计好的数码管译码电路创建硬件描述语言文件，点击 File→Create/Updata→Create HDL Design File for Current File，参见图 10－10（a）、（c）。

为设计好的数码管译码电路创建一个封装，点击 File→Create/Updata→Create Symbol File for Current File，这样我们在顶层设计中就可以调用这个子电路了，见图 10－10（b）、（d）。

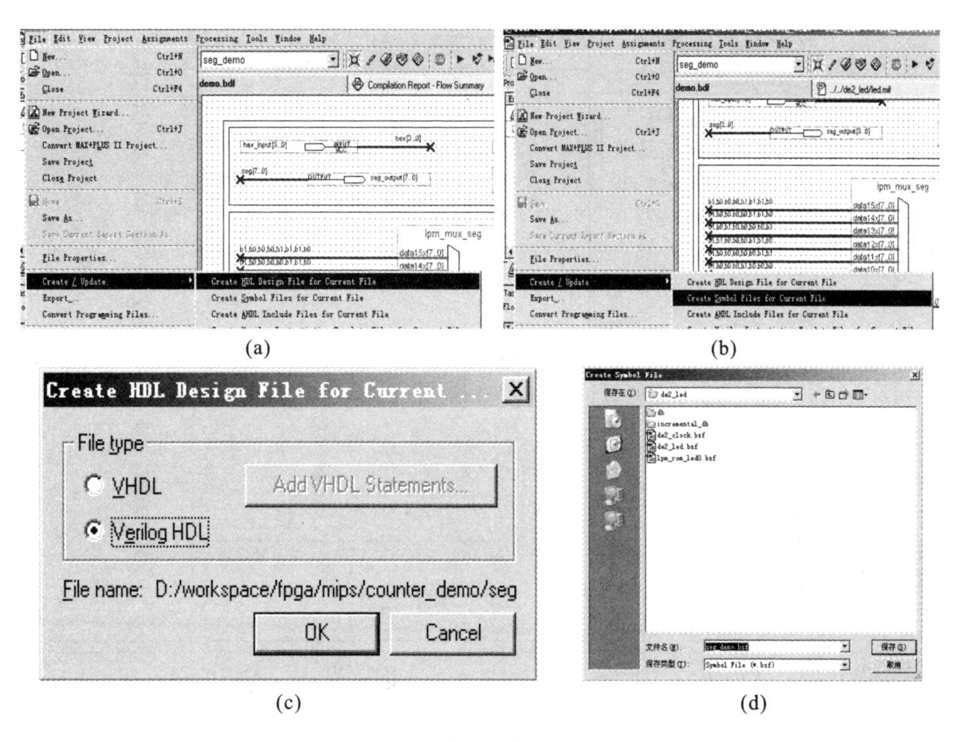


图 10－10　创建 7 段数码管的子电路

3. 把子电路应用到顶层设计中

添加刚才创建的子电路，点击 Assignment→Settings，在 Settings 对话框中的 Libraries 中添加刚才子电路的目录（图 10－11），现在在 Symbol 中可以看到刚才创建的子电路模块了，我们再添加一个计数器（图 10－12），以及需要的输入输出引脚，完成我们的设计（图 10－13）。

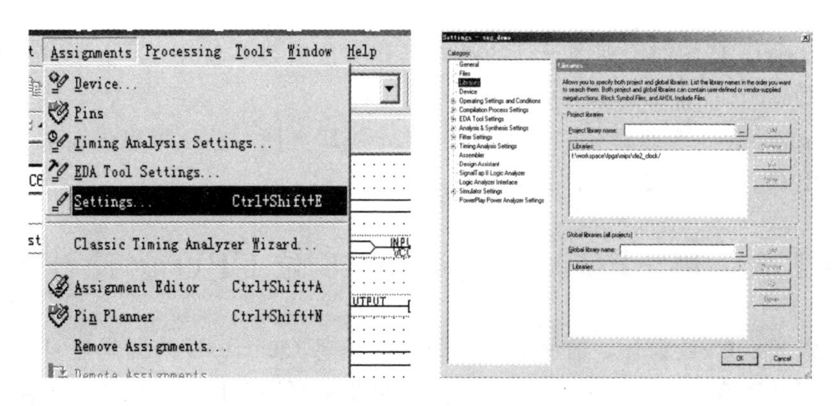


图 10－11　添加子电路到顶层设计中

4. 总结

这个例子主要是联系子电路的创建以及如何将子电路应用到顶层设计中，在复杂设计中，分层设计的方法是必须要掌握的。

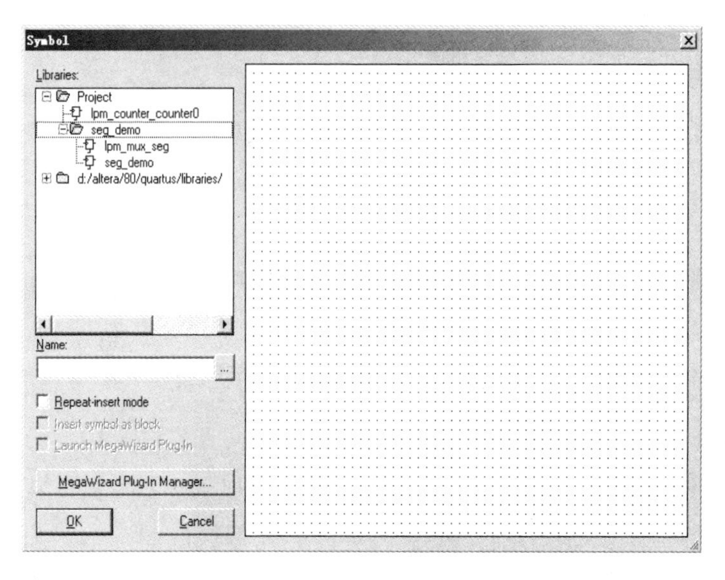


图 10-12　添加计数器

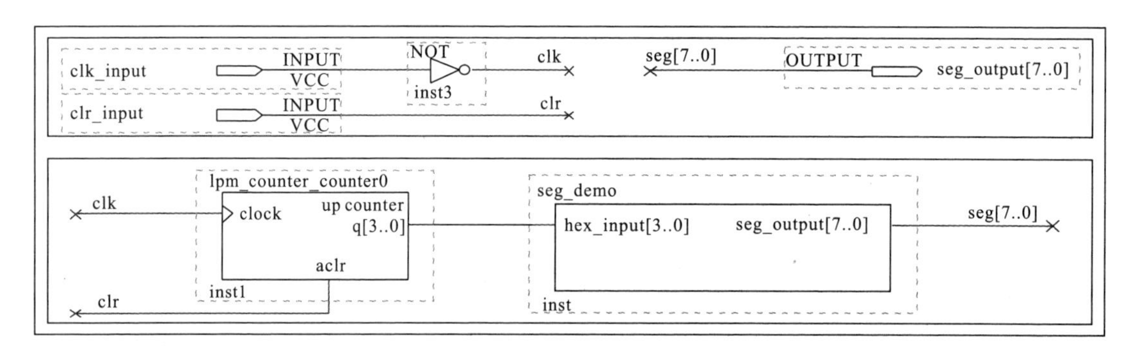


图 10-13　完成的子电路

至此，QuartusII 中的原理图设计的基本操作方法就足够使用了，Logisim 中所能完成的操作，在 QuartusII 中都能够对应起来。

由于 Logisim 是一个仿真软件，使用较 QuartusII 方便一些，可以先在 Logisim 上作实验，然后再用 QuartusII 实现设计方案。

## 第四节　用 FPGA 完成一个 16 位 CPU 的设计概述

本节正式开始 CPU 设计，前面的内容是给不熟悉 QuartusII 的同学热身用的。这里都是假定同学们已经熟悉了 QuartusII 基本操作，会使用原理图设计方法设计电路，并且会使用 MegaWizard 添加标准模块，会分层设计电路。

需要说明的是，我们选择使用原理图的设计方法，是考虑与仿真软件 Logisim 的操作对应，使同学们在学会使用 Logisim 软件仿真设计出一个 CPU 后，平滑地过渡过来。另外原理图的设计更加直观一点，更容易入门。当然由于实际设计中主流的方式还是使用硬件设计语言，进一步可学习 Verilog HDL，VHDL 或 System C 等语言。

1. 设计总览

我们这里设计的是一个简单的 16 位处理器（即每个指令字长为 16 位，寄存器也是 16 位），该处理器有 4 个寄存器（$ r0 到 $ r3）。具有独立的数据和指令内存（即有两个内存，一个指令内存，一个数据内存）。

需要注意的是由于器件的限制，也为了简化实现，我们以 16 位为单位对内存编址。这和 MIPS 不同，MIPS 指令的字长是 32 位，而内存是以字节（8 位）为单位编址。

2. 准备步骤

熟悉一下 QuartusII 的操作，这个在前面我们已经完成了，对应于 Logisim 中操作都介绍到了，后面完成 CPU 设计所需要的技术也都具备了（当然，想深入地了解数字电路设计，可能需要更多），也就是说如果能够用 Logisim 完成 CPU 设计，用 QuartusII 实现也没问题。

做一下相关的实验，了解 QuartusII 下的一些模块和组件，如何建立简单模块，如何将简单模块构建到一起，成为复杂的模块，直至成为一个系统。MegaWizard 中提供的是数字电路中常见的标准模块，我们的设计中要用到其中一些模块，所以熟悉他们，熟练应用是完成设计的前提。

3. 指令集结构（ISA）描述

指令集结构 ISA（Instruction Set Architecture）是硬件设计师与软件设计师之间的协议，他规定了硬件设计师设计的 CPU 所需要具备的功能，以及软件设计师所能够使用的 CPU 指令。

设计一个 CPU 首先要设计一个 ISA，之后才是软硬件设计：软件设计师设计汇编器，编译器；硬件设计师设计 CPU。我们需要的 ISA，如表 10-2 所示。

**表 10-2　指令集结构**

| 15-12 | 11 | 10 | 9 | 8 | 7 | 6 | 5 | 4 | 3 | 2 | 1 | 0 | |
|---|---|---|---|---|---|---|---|---|---|---|---|---|---|
| 0 | rs | | rt | | rd | | party bits! | | | funct | | | 参见R-type Instructions |
| 1 | rs | | rt | | immediate-u | | | | | | | | disp: DISP[imm] = $rs |
| 2 | rs | | rt | | immediate-u | | | | | | | | lui: $rt = imm << 8 |
| 3 | rs | | rt | | immediate-u | | | | | | | | ori: $rt = $rs \| imm |
| 4 | rs | | rt | | immediate-s | | | | | | | | addi: $rt = $rs + imm |
| 5 | rs | | rt | | immediate-u | | | | | | | | andi: $rt = $rs & imm |
| 6 | rs | | rt | | immediate-s | | | | | | | | lw: $rt = MEM[$rs + imm] |
| 7 | rs | | rt | | immediate-s | | | | | | | | sw: MEM[$rs+imm] = $rt |
| 8 | jump address | | | | | | | | | | | | jump |
| 9 | rs | | rt | | offset | | | | | | | | beq |
| 10 | rs | | rt | | offset | | | | | | | | bne |

R-Type Instructions

| funct | meaning |
|---|---|
| 0 | or: $rd = $rs \| $rt |
| 1 | and: $rd = $rs & $rt |
| 2 | add: $rd = $rs + $rt |
| 3 | sub: $rd = $rs - $rt |
| 4 | sllv: $rd = $rs << $rt |
| 5 | srlv: $rd = $rs >> $rt |
| 6 | srav: $rd = $rs >> $rt |
| 7 | slt: $rd = ($rs < $rt) ? 1 : 0 |

通过查询 opcode 字段（高四位，即 15—12 位）的值，可知 16 位编码所对应的指令。注意，表中的 opcode 不到 16 个，而 funct 也只有 8 个，相比真正的 CPU，指令少了一些，不过基本的指令都有了，相关设计原理请参见本书第六章。

根据以上指令集的要求可以知道需要实现以下几个基本模块：

（1）指令指针寄存器 PC。

(2) 指令存储器 ROM。

(3) 寄存器文件。

(4) 算术逻辑单元 ALU。

(5) 内存单元。

(6) 控制逻辑单元。

一个大体的 CPU 的结构图如图 10－14 所示。

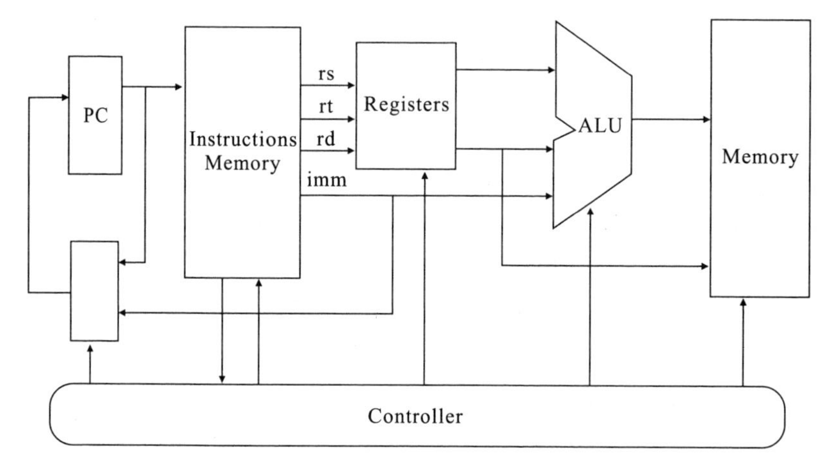


图 10－14 CPU 总体结构框图

4. 总结

需要实现的几个模块都在图中表现出来了，他们之间的关系图 10－14 给出了需要实现的模块及其之间的关系。

我们在设计中可能用到库中的模块有以下几种：寄存器模块、RAM、ROM、算术以及逻辑运算单元比如加法器、移位、与或门等。

当然还有前面我们讲到的数据选择器，这个会在 Controller 中用到，另外在每个单元模块前做数据选择也会用到。

## 第五节 基于 FPGA 设计寄存器文件

制作一个寄存器组（也称寄存器文件）模块（组件）。

1. 输入与输出

根据前面设计总览中得到的模块间的关系，设计出输入输出端口，包括 rs、rt、rw，另外是 rsBus、rtBus，当然还有使能控制、时钟、reset 等（图 10－15）。

2. 寄存器

先放 4 个寄存器，然后通过多路选择得到一个输出，即可选择 4 个寄存器中的任意一个的值输出（图 10－16）。

注意：用 MegaWizard 生成模块文件的时候，别忘了加一个后缀，因为这里都是子模块设计，后面要应用到顶层设计中去，为避免各个子模块设计中引入的标准模块文件重名，推荐加一个子模块名字的后缀，例如 lpm _ dff _ reg0，就表示 reg 模块中引入的 lpm _ dff 模

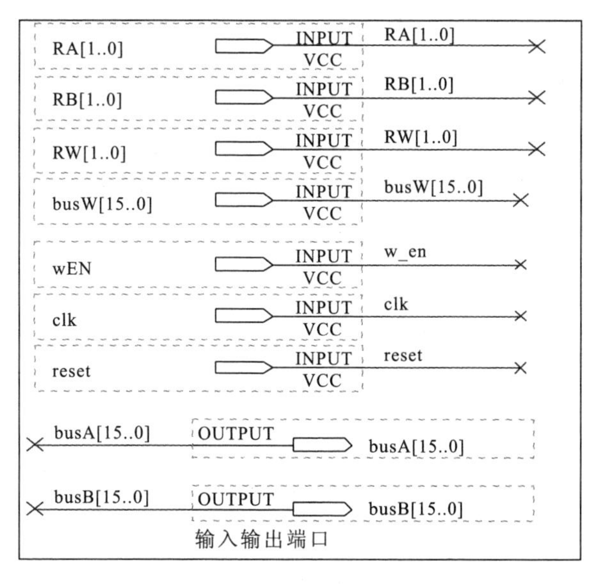


图 10-15　输入输出端口

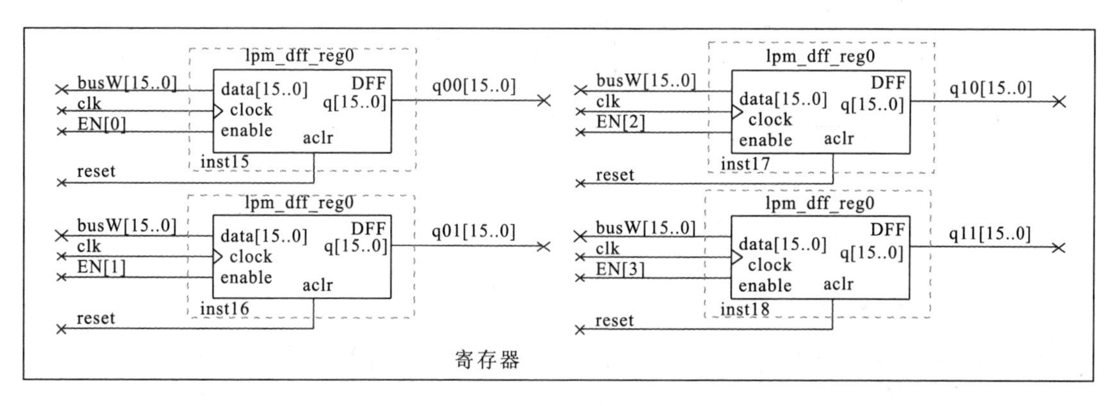


图 10-16　寄存器

块。

3. 输入输出数据选择器

4 个寄存器不能同时全部加到两个数据输出端口 rsBus 和 rtBus 上，rwBus 一次也只能对一个寄存器写入，那么就需要相应的数据选择以及写使能控制（图 10-17、图 10-18）。

4. 整体设计

全部完成好的原理图如图 10-19 所示。

各个部分之间的关系如结构框图，如图 10-20 所示。

5. 总结

从设计一开始要养成良好的绘图习惯，以结构清晰为原则，设计按照一定顺序完成，比如这里的顺序就是：

输入输出端口→核心模块→数据通路控制

另外将各部分功能用注释文字标好，方便阅读。

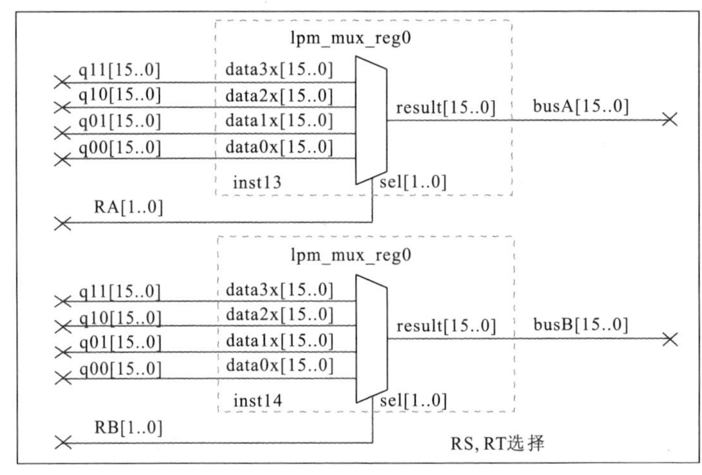


图 10－17　输出端口选择器

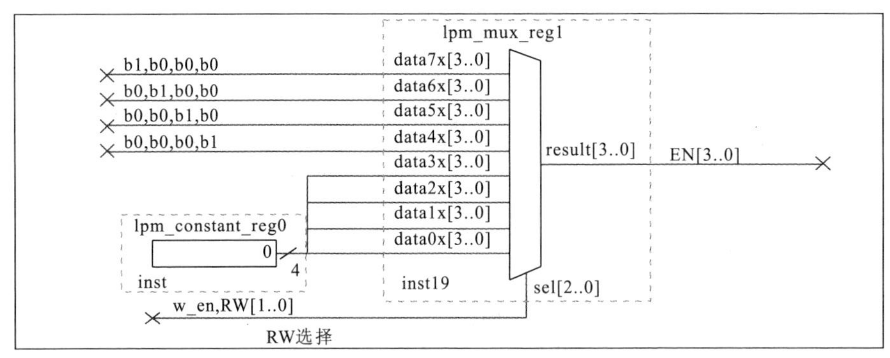


图 10－18　写入端口选择器

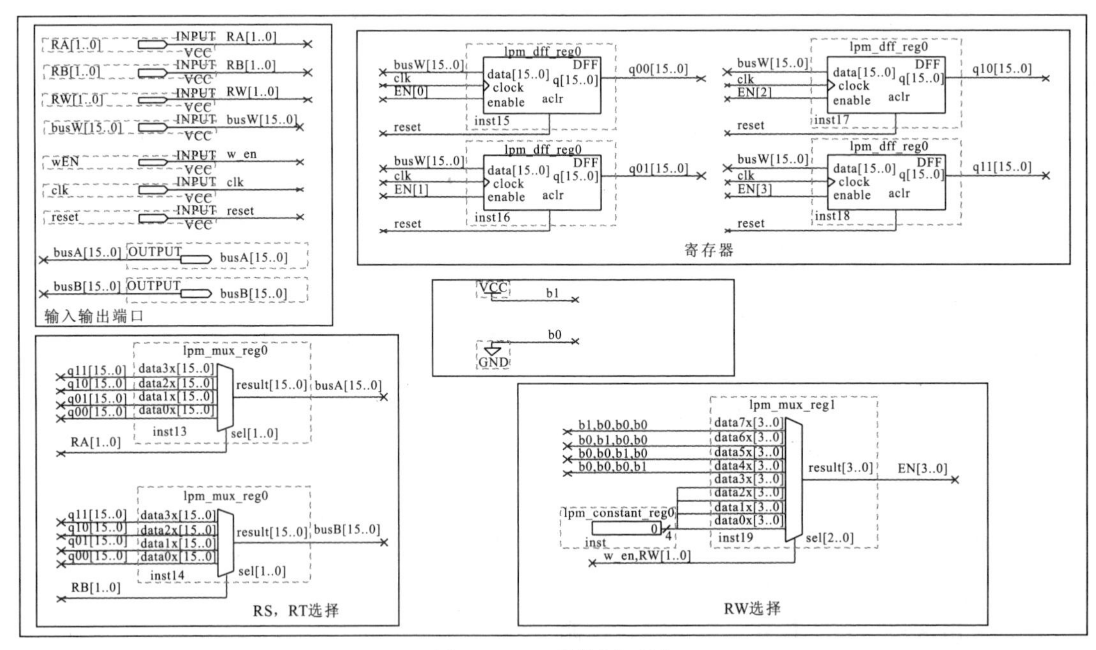


图 10－19　总体原理图

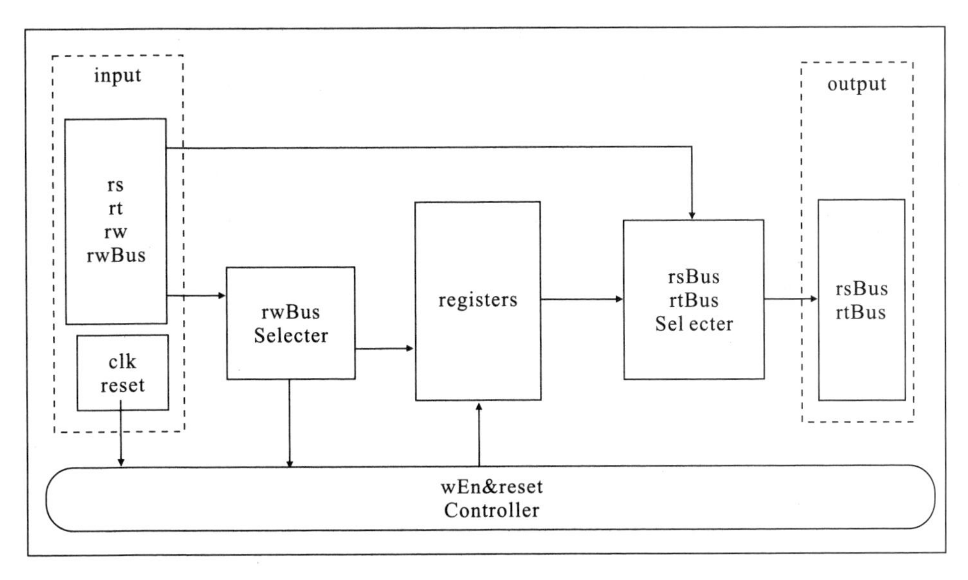


图 10-20　结构框图

## 第六节　基于 FPGA 设计 ALU 和程序记数器

1. 制作算术逻辑单元 ALU

1）输入输出端口

ALU 的输入输出相对简单，输入是两个操作数和一个操作符，输出是计算结果。如图 10-21 所示。

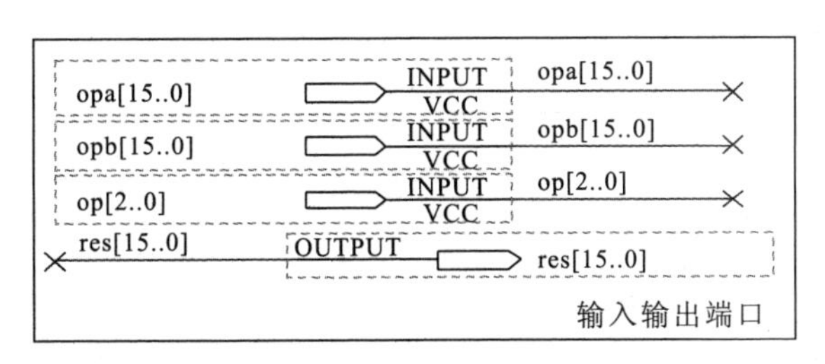


图 10-21　输入输出端口

2）各运算单元

为了节省片上资源，加减法器使用一个，用一根选择线控制加或减，逻辑左右移位也是用一根选择线控制左右移，如图 10-22 所示。

3）数据通路选择

上面的各运算单元是并行工作的，对于输入的两个操作数，几个运算单元都会计算结果，至于输出哪一个，要通过后面的数据选择器来控制了。选择器的选择开关接的是操作符，这样输出结果就是操作数对应的操作运算得到的结果了（图 10-23）。

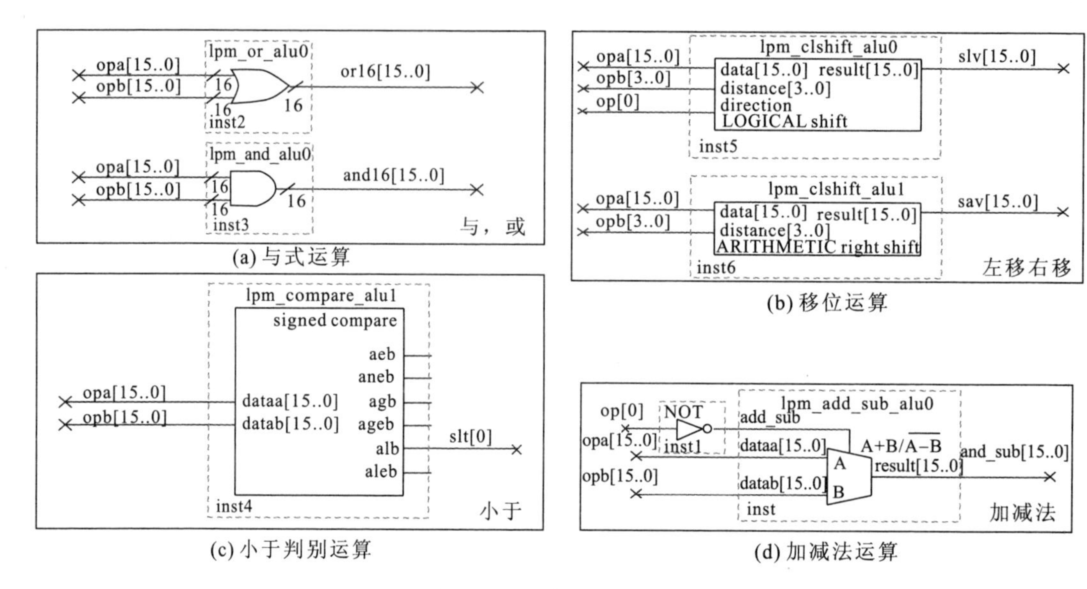


(a) 与式运算　(b) 移位运算　(c) 小于判别运算　(d) 加减法运算

图 10－22　各种运算单元

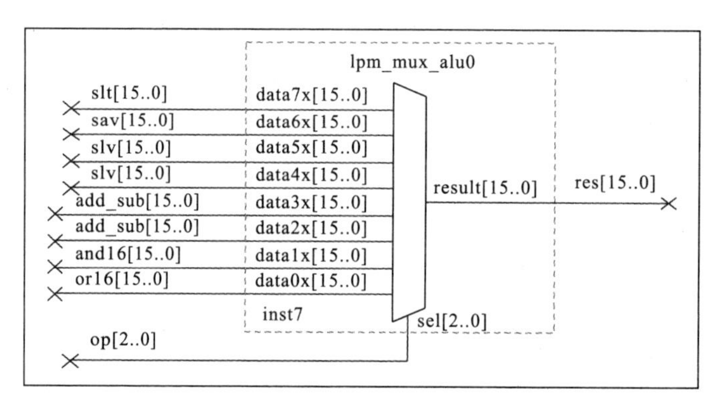


图 10－23　运算单元选择器

## 2. 制作 PC 指针寄存器（图 10－24）

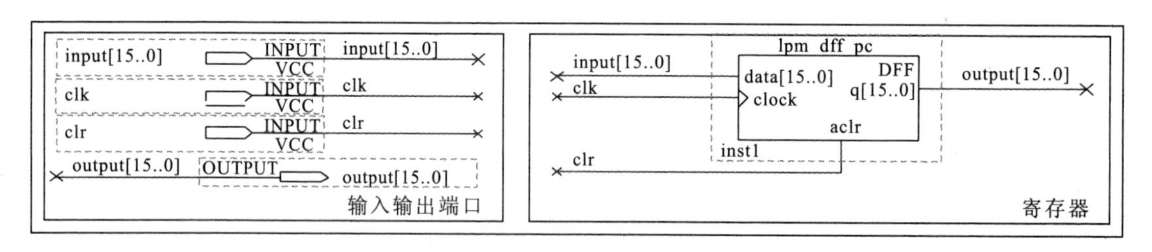


图 10－24　PC 指针寄存器

关于 PC 指针的操作很多，有一般指令所需的 PC+1 操作（这里是+1 操作，因为后面设计的 ROM 按 16 位数据线设计，每个地址存储的是 16 位数据，那么 PC+1 就能读取到下一条指令），另外还有绝对跳转需要的 PC＝（PC & 0xF000） | address，beq 和 bne 指令

所需的 PC＝PC＋1＋offset。

在模块设计中模块功能尽量单一，定义要清楚，上面跳转指令所需的 address，判断所需的 offset 都是从指令中提取的，全部放到 PC 寄存器模块中来，会使设计变得复杂。在实现 PC 寄存器模块时，需要更多的外部信息，从而使顶层设计的修改影响到子电路。所以 PC 寄存器就是由输入输出端口和一个寄存器组成，其余部分要放到控制逻辑和顶层设计中去。

3. 总结

ALU 目前可以实现 ADD、SUB、AND、OR 以及移位、比较运算，后面再扩展更多功能，对于各种运算单元有两种办法实现，其一是自己用基本的与或非门电路搭建，其二是直接使用 QuartusII 的 MegaWizard 库实现。

PC 寄存器的实现也很简单，基本在前面的基础上，完成一个 ALU 和一个 PC 寄存器不会遇到任何困难，我们这里关注的是模块的划分、模块功能的定义，高内聚、低耦合的设计不只是软件设计中提倡的，这也是硬件设计中推荐的。

## 第七节　基于 FPGA 设计存储器

数据存储在 RAM 里，程序存储在 ROM 里，那么如何设计一个存储数据的 RAM 和一个存储程序的 ROM 呢？下面来具体介绍。

有一点要说明的是 QuartusII 中提供的 ROM 和 Logisim 中提供的 ROM 模块有一点不同，他们相差一根时钟线，虽然只有这一点不同，但却是很重要的一点，这就涉及到了一个组合逻辑实现的 ROM 与时序逻辑实现的 ROM 的区别。

这里给出了 QuartusII 中的两种实现方式，一种是用库中提供的模块，另一种是组合逻辑的实现方式，关于两者的不同究竟会产生怎样的影响，后面会详细讨论。

1. RAM 的实现（图 10－25）

操作如下图，基本操作的问题不多叙述了，有问题的话请查看前面的学习或者参考 QuartusII 的教程。

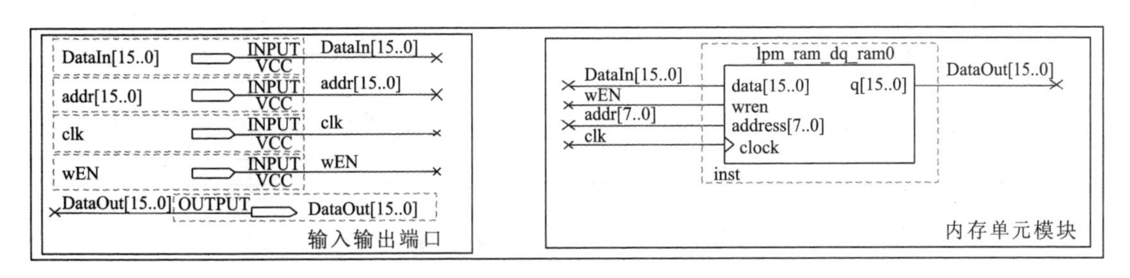


图 10－25　RAM 的实现

2. ROM 的实现

1）用组合逻辑实现 ROM 的方法

用组合逻辑实现的 ROM 其本质是电路，如果感觉难以理解，你可以认为你的程序就是一堆门电路按某种顺序排列表示出来的，而不是存在真正意义的存储器当中，我们写程序的时候其实是搭建了一个电路。

这里给出一种实现方法（图 10－26）：

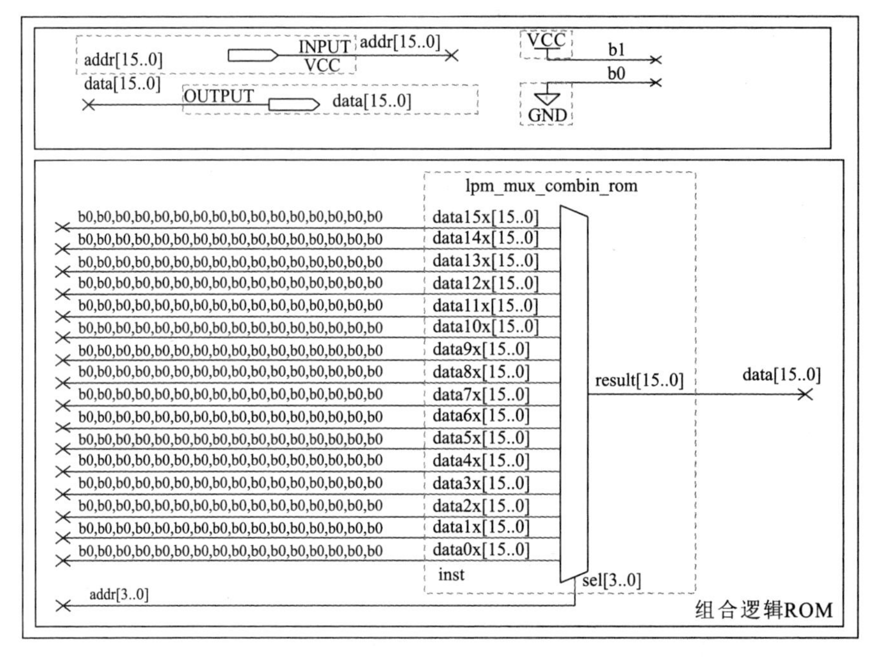


图 10－26　组合逻辑实现 ROM

这是一个 16 个字的 16 位 ROM，是用选择器实现的。由于只有 16 个存储单元，所以 4 位地址就能表示出来，ROM 中的内容就是接到选择器 data0x 到 data15x 上的数据，每一次对 ROM 的编程写入，就是将综合的电路下载到 FPGA 实验板中。

2）用时序电路实现 ROM

实际的 ROM 应该是可以在系统编程的，也就是说不改变电路结构，能够把程序写入 ROM。

在 QuartusII 软件中库提供的 ROM 是时序电路实现的，时序电路实现的 ROM 跟 RAM 的形式是一样的，如图 10－27 所示。

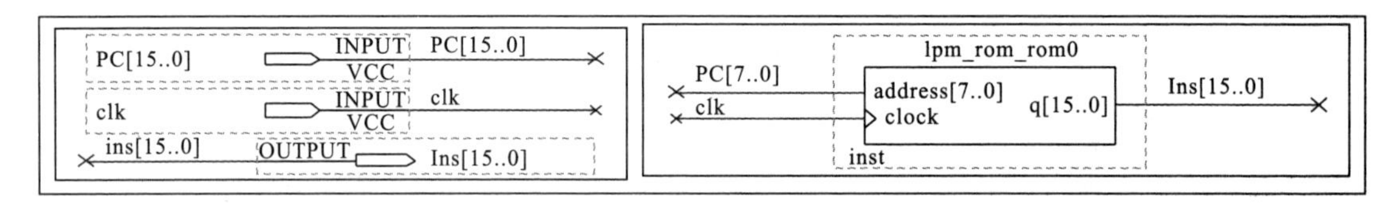


图 10－27　时序电路实现 ROM

其实在 QuartusII 中 ROM 也是通过一个 RAM 实现的，引入的 ROM 中有这样的代码

```
……
COMPONENT altsyncram
GENERIC (
clock _ enable _ input _ a    : STRING;
clock _ enable _ output _ a   : STRING;
```

```
init_file    : STRING;
……
widthad_a    : NATURAL;
width_a    : NATURAL;
width_byteena_a    : NATURAL
);
PORT (
clock0    : IN STD_LOGIC;
address_a    : IN STD_LOGIC_VECTOR (7 DOWNTO 0);
q_a    : OUT STD_LOGIC_VECTOR (15 DOWNTO 0)
);
END COMPONENT;
……
```

这里 altsyncram 经过封装，也就是 MegaWizard 的配置，引出相应的引脚，就成了一个 ROM 模块交给我们，在我们设计中调用了（上面是一段 VHDL 语言的代码，关于 VHDL 语言就不在这里详细介绍了）。

最后需要注意的是这个 ROM 模块用到我们顶层设计的时候不能用 CPU 的时钟，而是单独为其提供一个刷新输出数据的高速时钟。在介绍完整个 CPU 后，我们会把这样做的原因连同说明组合逻辑与时序逻辑实现 ROM 的不同一起讨论。当然如果你现在有兴趣可以在自己的 CPU 设计中使用这个 ROM 模块时为其加上 CPU 的时钟，看看效果。

## 第八节　基于 FPGA 设计控制逻辑

### 1. 关于库的使用

在设计中，尽量使用库中的模块，因为库中的模块都是经过精心设计验证好的电路，并在长期的设计实践中反复验证的成熟方案，还有可能经过了专门的优化。比如下面我们将用到一个比较典型的模块——选择器，选择器的一个比较典型的应用是根据已知逻辑关系，通过选择通路数据得出电路，就是说如果知道真值表的话，选择的通路设定为常量，选择开关为输入的逻辑值，通过这种类似解码的电路结构很容易实现组合逻辑的功能，并且在程序、电路结构上有很好的可读性，结构也很清晰。

在下面控制逻辑开关表中，我们就使用了这种方法。

### 2. 指令实现顺序

我们将按以下顺序实现指令。

（1） lui 和 ori 指令。

（2） andi 和 addi 指令。

（3） R 指令。

（4） j 指令。

（5） beq、bne、lw 和 sw 指令。

3. 顶层设计

按照CPU的几个模块，大致为顶层设计划分出几块来，每一块的核心是前面设计的模块电路，由于要增加控制逻辑以及对输入数据进行处理，信号进入模块前，先通过选择端连接控制逻辑的选择器，根据指令不同，控制逻辑打开关闭不同的开关，控制选择输入每个模块的数据。

整体顶层设计如图10-28所示。

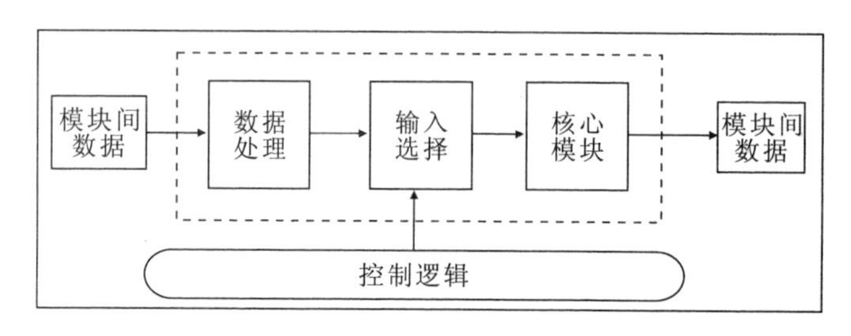


图10-28　顶层模块设计

这样模块间数据是各个核心模块的输出，由于核心模块是采用标准的库模块设计的，其输出数据的形式是标准的易被多数人接受的，从而使我们不必更多地考虑分块间数据的表示形式，无需再依赖更多的外部信息。

顶层设计是由这样一个一个的分块电路组成的，图10-29是整个顶层电路设计图。

其中输入选择都是由选择器实现的，可见选择器在设计中的应用是十分频繁的。

接下来对于一条条的指令，就是控制一个个选择器根据指令具体选择哪个数据输入到模块中了，控制逻辑就是把指令译码为一个个的通路选择开关。

我们把各部分模块控制参数的信息集中到这里，各个控制位的设定情况可以通过表10-3得出。

根据表中的信息，控制逻辑开关表电路也是用一个选择器实现，图10-30给出了一个实现方法，图中可以清晰地从表10-3的位开关设置找到对应的数据位。

4. 写程序测试

在完成了CPU设计后，需要编写程序在CPU上运行以测试CPU能否工作。

试着将以下汇编指令翻译成机器码：

```
add $2, $1, $0
add $1, $1, $0
add $1, $2, $0
```

然后将机器码存入指令内存中。

对于所完成的最简单的CPU，时钟每跳变一次，将执行一条指令。为了能看到一些有意义的结果，可能需要手动设置一下各个寄存器的初值，这在仿真中可以较容易地实现，如将寄存器1的值设为1，寄存器2的值设为2，寄存器3的值设为3。但是对硬件实现，则需用其他方法，前面实现的lui和ori指令即可完成此功能。

首先让CPU能运行lui和ori指令是非常重要的，因为在程序中通过他们使CPU中的寄存器载入数据，让其他测试的数据初始化成为可能。在前面最后组合各功能模块，实现每条命令的控制逻辑时强烈推荐优先完成这两条指令，待这两条指令工作正常后，就可以用来

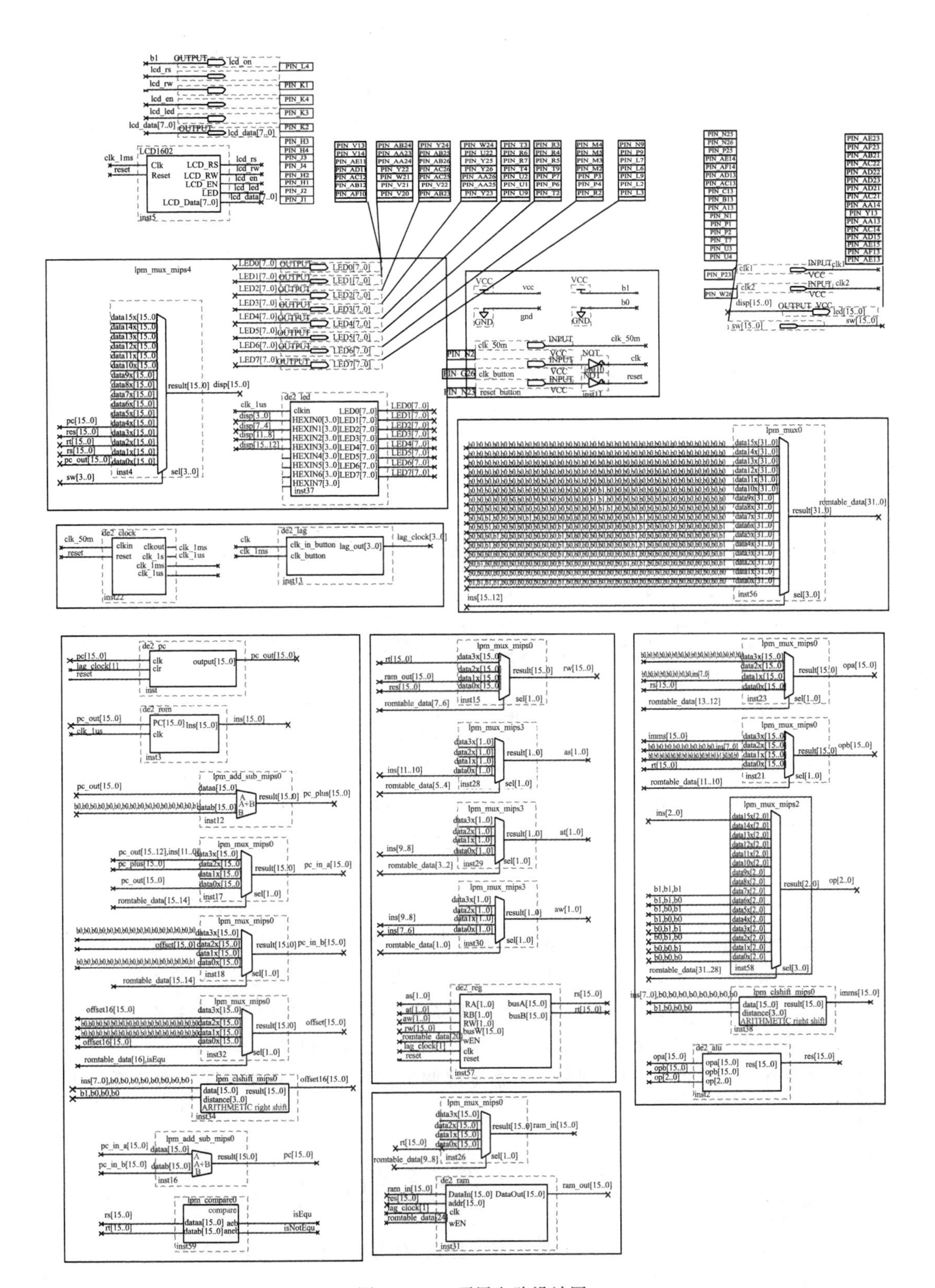


图 10－29　顶层电路设计图

表 10-3　控制位设定

| 位<br>功能 | 31..28<br>op[2..0] | 27..24<br>ramw[] | 23..20<br>regw[] | 19..16<br>offset[] | 15..14<br>pc in[] | 13..12<br>opa[] | 11..10<br>opb[] | 9..8<br>ram in[] | 7..6<br>rw[15..0] | 5..4<br>as[1..0] | 3..2<br>at[1..0] | 1..0<br>aw[1..0] |
|---|---|---|---|---|---|---|---|---|---|---|---|---|
| 0 | ins[2..0] | 不可写 | 可写 | 自定 | 正常 | rs | rt | 自定 | res | ins[11..1( | ins[9..8] | ins[7..6] |
| 1 | | | | | | | | | | | | |
| 2 | 4 | 不可写 | 可写 | 自定 | 正常 | immu | 8 | 自定 | res | 自定 | 自定 | ins[9..8] |
| 3 | 0 | 不可写 | 可写 | 自定 | 正常 | rs | immu | 自定 | res | ins[11..1( | 自定 | ins[9..8] |
| 4 | 2 | 不可写 | 可写 | 自定 | 正常 | rs | imms | 自定 | res | ins[11..1( | 自定 | ins[9..8] |
| 5 | 1 | 不可写 | 可写 | 自定 | 正常 | rs | immu | 自定 | res | ins[11..1( | 自定 | ins[9..8] |
| 6 | 2 | 不可写 | 可写 | 自定 | 正常 | rs | imms | 自定 | ram out | ins[11..1( | ins[9..8] | ins[9..8] |
| 7 | 2 | 可写 | 不可写 | 自定 | 正常 | rs | imms | rt | 自定 | ins[11..1( | 自定 | 自定 |
| 8 | 自定 | 不可写 | 不可写 | 自定 | jpaddr | 自定 | 自定 | 自定 | 自定 | 自定 | 自定 | 自定 |
| 9 | 自定 | 不可写 | 不可写 | 1 | offset[] | 自定 | 自定 | 自定 | 自定 | 自定 | 自定 | 自定 |
| 10 | 自定 | 不可写 | 不可写 | 0 | offset[] | 自定 | 自定 | 自定 | 自定 | 自定 | 自定 | 自定 |
| | | | | | | | | | | | | |
| 0 | 1111 | 0000 | 0001 | 0000 | 00 | 00 | 00 | 00 | 00 | 00 | 00 | 00 |
| 1 | | | | | | | | | | | | |
| 2 | 0100 | 0000 | 0001 | 0000 | 00 | 01 | 01 | 00 | 00 | 00 | 00 | 01 |
| 3 | 0000 | 0000 | 0001 | 0000 | 00 | 00 | 10 | 00 | 00 | 00 | 00 | 01 |
| 4 | 0010 | 0000 | 0001 | 0000 | 00 | 00 | 11 | 00 | 00 | 00 | 00 | 01 |
| 5 | 0001 | 0000 | 0001 | 0000 | 00 | 00 | 10 | 00 | 00 | 00 | 00 | 01 |
| 6 | 0010 | 0000 | 0001 | 0000 | 00 | 00 | 11 | 00 | 01 | 00 | 00 | 01 |
| 7 | 0010 | 0001 | 0000 | 0000 | 00 | 00 | 11 | 00 | 00 | 00 | 00 | 00 |
| 8 | 0000 | 0000 | 0000 | 0000 | 11 | 00 | 00 | 00 | 00 | 00 | 00 | 00 |
| 9 | 0000 | 0000 | 0000 | 0001 | 10 | 00 | 00 | 00 | 00 | 00 | 00 | 00 |
| 10 | 0000 | 0000 | 0000 | 0000 | 10 | 00 | 00 | 00 | 00 | 00 | 00 | 00 |

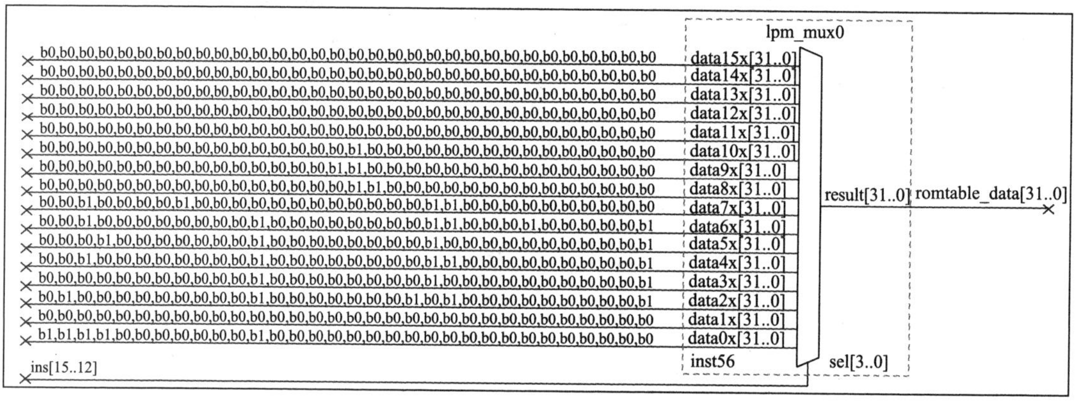

图 10-30　控制逻辑选择电路

测试其他指令了。

为了更好地观察输出结果，一个数码管显示是必要的，应用“类选择器”的解码电路就能实现，选择端输入要显示的 16 进制数据，各数据通路上的常量为 0～f 的数码管字段编码，这是一个典型的译码电路实现，当然使用 ROM 查表的方法也可以实现，不过要多一个刷新时钟，前面我们实现过数码管的译码电路了，使用它就可以了。

写几个程序测试你的 CPU，把每一条指令都调试好，至此，就实现了一种简单的 CPU 设计。

## 第九节　相关问题的讨论

前面实现了一个简单的 CPU，但是还有一些遗留问题，下面来具体讨论。

1. Logisim 与 QuartusII 的比较

前面已经提到，使用 QuartusII 进行数字电路设计，更多情况下使用的是硬件描述语言，硬件描述语言功能更加强大，标准更加规范，应用广泛。这里选择使用原理图的设计描述方式是更方便从 Logisim 过渡过来。

Logisim 是一款可视化的仿真软件，基本是实验用的，实验演示很方便，前面讲的 QuartusII 操作都可以在 Logisim 中一一对应简单实现，当然 QuartusII 软件的库中包含的电路模块可能会与 Logisim 中的有所差别。QuartusII 是 Altera 公司用于 DE2 的数字电路设计软件，可以完成硬件电路设计的整个流程。

Logisim 的仿真表现效果比较直观，直接通过点击就能完成输入输出设定，模块间连线上的电平在电路实时运行中通过连线颜色表示出来。寄存器，RAM 中的数据都能进行设定，包括在电路实时运行时。

QuartusII 中仿真的方式也很多，比如自带波形仿真功能，另外可以使用第三方的仿真软件如 ModelSim 等。但是如果想直观地观察电路实时运行状态则不太容易，无论是设定电路初始状态，修改寄存器与 RAM 中的存储内容等，都不是很容易，所以要先实现一些简单模块，并设法将电路运行状态通过外部设备表现出来，设定一些调试开关，帮助设定电路状态。

2. 为什么是时序逻辑的 ROM

这个问题可以这样解释，组合电路的 ROM 相当于使用电路搭建的，向 ROM 中写入一个程序，就相当于做一个电路。我们使用计算机，写一个程序进 CPU，应该是能够系统地把程序下载到 ROM 中，而不是把这个 CPU 拆了，重新设计一个。时序电路的 ROM 更接近于实际使用的 ROM 器件。

3. 为什么 ROM 工作在另一个时钟下

图 10－31 是 Logisim 中的 RAM 与 ROM 模块。

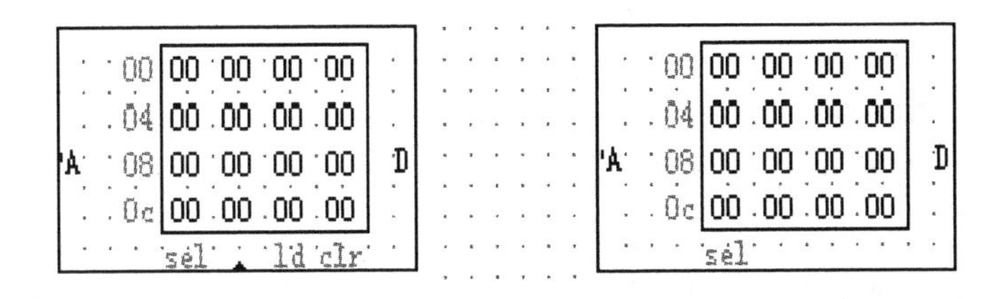


图 10－31　Logisim 中的 RAM 和 ROM 模块

他们的区别就在于下面的那个小三角，也就是时钟信号输入端，Logisim 里面的 ROM 是不带时钟信号的。在 QuartusII 里面我们给出了两种实现方式，前文已指出时序逻辑的 ROM 是更接近于实际设计中的 ROM，所以我们使用时序逻辑的 ROM 实现方式。

从图 10－32 中我们可以清楚地看到一个完整 CPU 工作周期，从寄存器输出到计算的结果写入寄存器，各部分信号的更新过程。

一个时钟周期内电路分别进行下面几个工作步骤：

（1）时钟到达 Instruction Memory 的时候。读出当前周期执行指令。

（2）指令通过译码模块即一个 Mux 电路选出控制逻辑部分的控制信号。

（3）从指令中取立即数部分，或者 Rs、Rt、Rw 等。

（4）控制信号与立即数数据到达各模块部分。

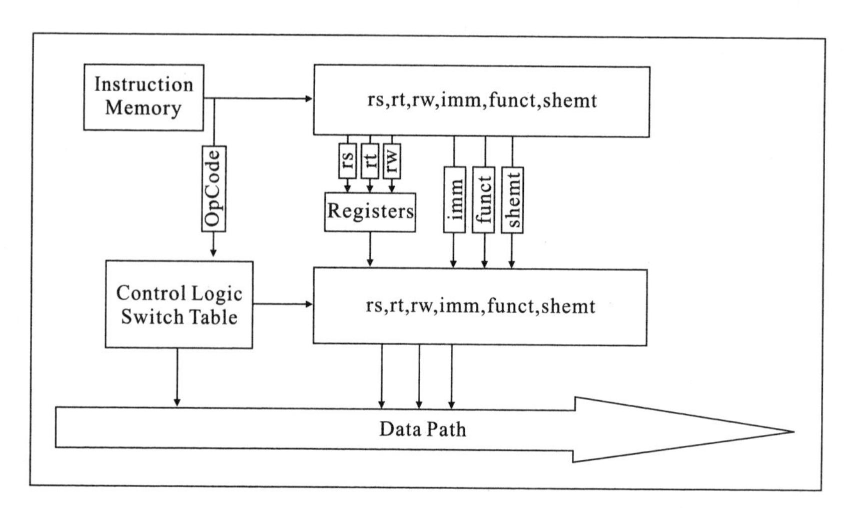


图 10－32　CPU 运行各阶段

（5）根据 Rs，Rt，寄存器文件输出相应数据。

（6）ALU 计算得出相应结果。

（7）时钟到达 Data Memory 的时候。如果是 sw 指令，将数据写入 Data Memory。

（8）时钟到达寄存器文件的时候。如果是 lw 指令或其他写寄存器的指令，将数据写入 Rw 寄存器。

每一步至最后电路保持到稳定状态，需经历一段时间，经过这个延时后，时钟信号到达下一步相应模块的位置，这样整个电路才能有足够时间进入稳定状态，否则在进入稳定状态前写入寄存器，写入内存的数据将是错误的，甚至是结果不可预测的紊乱数据。

对于上面几个步骤，即准备电路组合逻辑→写入内存→写入寄存器。由于唯一内存写入指令 sw 的同时并不做写寄存器的操作，那么 Data Memory 和寄存器文件的时钟一致。

这里整个过程没有时钟到达 ROM 更新 ROM 输出信号的步骤，对于没有时钟信号的 ROM，输出信号随地址改变而改变，与前面的实现结果相一致，因为即使 ROM 输出信号改变由于组合逻辑的延迟，但这个传输延迟在一个 CPU 时钟周期内信号到达稳定状态的过程中的，不会影响最终的结果。那么增加了一个时钟其实是相当于在 ROM 前一级增加一个地址锁存，那么就把整个电路由一个时序电路分出了又一个时钟状态，即 PC 寄存器前一个时钟状态，PC 寄存器至 ROM 的地址锁存寄存器前一个时钟状态，ROM 地址锁存寄存器后面一个时钟状态，这样 PC 指针要在两个时钟周期后才能更新到 ROM 输出端。

使 ROM 工作在另一个时钟下（使远高于 CPU 工作时钟），就相当于高速刷新 ROM 的输出，模拟出了组合逻辑实现中 ROM 输出随输入改变即改变，而无需等待工作时钟的效果。

# 附录

**MIPS 指令集**

| 助记符 | 指令格式 | | | | | | 示例 | 示例含义 | 操作及其解释 |
|---|---|---|---|---|---|---|---|---|---|
| Bit # | 31..26 | 25..21 | 20..16 | 15..11 | 10..6 | 5..0 | | | |
| R-type | op | rs | rt | rd | shamt | func | | | |
| add | 000000 | rs | rt | rd | 00000 | 100000 | add $1,$2,$3 | $1=$2+$3 | rd<-rs+rt,其中 rs=$2,rt=$3,rd=$1 |
| addu | 000000 | rs | rt | rd | 00000 | 100001 | addu $1,$2,$3 | $1=$2+$3 | rd<-rs+rt,其中 rs=$2,rt=$3,rd=$1,无符号数 |
| sub | 000000 | rs | rt | rd | 00000 | 100010 | sub $1,$2,$3 | $1=$2-$3 | rd<-rs-rt,其中 rs=$2,rt=$3,rd=$1 |
| subu | 000000 | rs | rt | rd | 00000 | 100011 | subu $1,$2,$3 | $1=$2-$3 | rd<-rs-rt,其中 rs=$2,rt=$3,rd=$1,无符号数 |
| and | 000000 | rs | rt | rd | 00000 | 100100 | and $1,$2,$3 | $1=$2&$3 | rd<-rs & rt,其中 rs=$2,rt=$3,rd=$1 |
| or | 000000 | rs | rt | rd | 00000 | 100101 | or $1,$2,$3 | $1=$2\|$3 | rd<-rs\|rt,其中 rs=$2,rt=$3,rd=$1 |
| xor | 000000 | rs | rt | rd | 00000 | 100110 | xor $1,$2,$3 | $1=$2^$3 | rd<-rs xor rt,其中 rs=$2,rt=$3,rd=$1(异或) |
| nor | 000000 | rs | rt | rd | 00000 | 100111 | nor $1,$2,$3 | $1=~($2\|$3) | rd<-not(rs\|rt),其中 rs=$2,rt=$3,rd=$1(或非) |
| slt | 000000 | rs | rt | rd | 00000 | 101010 | slt $1,$2,$3 | if($2<$3) $1=1else $1=0 | if (rs<rt) rd=1elserd=0,其中 rs=$2,rt=$3,rd=$1 |
| sltu | 000000 | rs | rt | rd | 00000 | 101011 | sltu $1,$2,$3 | if($2<$3) $1=1else $1=0 | if (rs<rt) rd=1elserd=0,其中 rs=$2,rt=$3,rd=$1(无符号数) |
| sll | 000000 | 00000 | rt | rd | shamt | 000000 | sll $1,$2,10 | $1=$2<<10 | rd<-rt<<shamt;shamt 存放移位的位数,也就是指令中的立即数,其中 rt=$2,rd=$1 |
| srl | 000000 | 00000 | rt | rd | shamt | 000010 | srl $1,$2,10 | $1=$2>>10 | rd<-rt>>shamt;(logical),其中 rt=$2,rd=$1 |
| sra | 000000 | 00000 | rt | rd | shamt | 000011 | sra $1,$2,10 | $1=$2>>10 | rd<-rt>>shamt;(arithmetic),注意符号位保留,其中 rt=$2,rd=$1 |
| sllv | 000000 | rs | rt | rd | 00000 | 000100 | sllv $1,$2,$3 | $1=$2<<$3 | rd<-rt<<rs,其中 rs=$3,rt=$2,rd=$1 |
| srlv | 000000 | rs | rt | rd | 00000 | 000110 | srlv $1,$2,$3 | $1=$2>>$3 | rd<-rt>>rs;(logical),其中 rs=$3,rt=$2,rd=$1 |

续表

| 助记符 | 指令格式 | | | | | | 示例 | 示例含义 | 操作及其解释 |
|---|---|---|---|---|---|---|---|---|---|
| srav | 000000 | rs | rt | rd | 00000 | 000111 | srav $1,$2,$3 | $1=$2>>$3 | rd<- rt>>rs;(arithmetic),注意符号位保留,其中 rs=$3,rt=$2,rd=$1 |
| jr | 000000 | rs | 00000 | 00000 | 00000 | 001000 | jr $31 | goto $31 | PC<- rs |
| I-type | op | rs | rt | immediate | | | | | |
| addi | 001000 | rs | rt | immediate | | | addi $1,$2,100 | $1=$2+100 | rt<- rs+(sign-extend) immediate,其中 rt=$1,rs=$2 |
| addiu | 001001 | rs | rt | immediate | | | addiu $1,$2,100 | $1=$2+100 | rt<- rs+(zero-extend) immediate,其中 rt=$1,rs=$2 |
| andi | 001100 | rs | rt | immediate | | | andi $1,$2,10 | $1=$2 & 10 | rt<- rs & (zero-extend) immediate,其中 rt=$1,rs=$2 |
| ori | 001101 | rs | rt | immediate | | | andi $1,$2,10 | $1=$2\|10 | rt<- rs\|(zero-extend) immediate,其中 rt=$1,rs=$2 |
| xori | 001110 | rs | rt | immediate | | | andi $1,$2,10 | $1=$2^10 | rt<- rs xor (zero-extend) immediate,其中 rt=$1,rs=$2 |
| lui | 001111 | 00000 | rt | immediate | | | lui $1,100 | $1=100 * 65536 | rt<- immediate * 65536,将16位立即数放到目标寄存器高16位,目标寄存器的低16位填0 |
| lw | 100011 | rs | rt | immediate | | | lw $1,10($2) | $1=memory[$2+10] | rt <- memory[rs + (sign-extend)immediate];rt=$1,rs=$2 |
| sw | 101011 | rs | rt | immediate | | | sw $1,10($2) | memory[$2+10]=$1 | memory[rs+(sign-extend)immediate]<- rt;rt=$1,rs=$2 |
| beq | 000100 | rs | rt | immediate | | | beq $1,$2,10 | if($1==$2) gotoPC+4+40 | if (rs==rt) PC<- PC+4+(sign-extend)immediate<<2 |
| bne | 000101 | rs | rt | immediate | | | bne $1,$2,10 | if($1!=$2) gotoPC+4+40 | if (rs!=rt) PC<- PC+4+(sign-extend)immediate<<2 |
| slti | 001010 | rs | rt | immediate | | | slti $1,$2,10 | if($2<10) $1=1else $1=0 | if (rs <(sign-extend)immediate)rt=1elsert=0,其中 rs=$2,rt=$1 |
| sltiu | 001011 | rs | rt | immediate | | | sltiu $1,$2,10 | if($2<10) $1=1else $1=0 | if (rs <(zero-extend)immediate)rt=1elsert=0,其中 rs=$2,rt=$1 |
| J-type | op | address | | | | | | | |
| j | 000010 | address | | | | | j10000 | goto10000 | PC<-(PC+4)[31..28],address,0,0;address=10000/4 |
| jal | 000011 | address | | | | | jal10000 | $31<- PC+4;goto10000 | $31<- PC+4;PC<-(PC+4)[31..28],address,0,0;address=10000/4 |

# 主要参考文献

Patterson D,Hennessy J L. 计算机组成与设计:硬件/软件接口[M]. 康继昌,等,译. 北京:机械工业出版社,2012.

周润景,图雅,张丽敏. 基于 Quartus Ⅱ 的 FPGA/CPLD 数字系统设计实例[M]. 北京:电子工业出版社,2007.